全国中等职业学校机械类专业通用
全国技工院校机械类专业通用（中级技能层级）

焊工工艺学（第五版）习题册

邱葭菲　主编

中国劳动社会保障出版社

简　介

本书为全国中等职业学校机械类专业通用教材、全国技工院校机械类专业通用教材（中级技能层级）《焊工工艺学（第五版）》的配套习题册。本习题册紧扣教学要求，按照章节顺序编排，知识点分布均衡，题型丰富多样，难易配置适当，有助于学生复习巩固所学知识。

本书由邱葭菲主编，蔡郴英、陈小红、王瑞权、张伟参加编写，米光明主审。

图书在版编目（CIP）数据

焊工工艺学（第五版）习题册 / 邱葭菲主编 . -- 北京：中国劳动社会保障出版社，2020
全国中等职业学校机械类专业通用　全国技工院校机械类专业通用 . 中级技能层级
ISBN 978-7-5167-4532-8

Ⅰ. ①焊…　Ⅱ. ①邱…　Ⅲ. ①焊接工艺 – 中等专业学校 – 习题集　Ⅳ. ①TG44-44

中国版本图书馆 CIP 数据核字（2020）第 110124 号

中国劳动社会保障出版社出版发行
（北京市惠新东街 1 号　邮政编码：100029）
*
北京谊兴印刷有限公司印刷装订　新华书店经销

787 毫米 ×1092 毫米　16 开本　13.5 印张　319 千字
2020 年 7 月第 1 版　　2023 年 12 月第 5 次印刷
定价：26.00 元

营销中心电话：400-606-6496
出版社网址：http://www.class.com.cn
http://jg.class.com.cn

目　录

第一章　焊接技术概述

§1-1　焊接技术及发展概况

一、填空题（将正确答案填在横线上）

1．金属连接的方式主要有________________、________________、______________、____________等形式，其中，属于可拆卸连接的是______________、______________，属于永久性连接的是____________、____________。

2．按照焊接过程中金属所处的状态不同，可以把焊接分为___________、____________、__________三类。

3．常用的熔焊方法有______________、________________、__________等。

4．常用的钎焊方法有____________、______________等。

5．焊接是通过___________或____________，或两者并用，用或不用____________，使焊件达到结合的一种加工工艺方法。

6．压焊是指在焊接过程中，必须对焊件施加____________（加热或不加热）以完成焊接的方法。

7．熔焊是指在焊接过程中，将焊件接头加热至______________，在不______________的情况下完成焊接的方法。

8．钎焊是指采用比___________熔点低的金属材料作为________________________，将___________和_____________加热到高于_____________熔点、低于_____________熔点的温度，利用______________润湿母材，填充接头间隙，并与母材相互扩散实现焊件连接的方法。

9．焊条电弧焊的英文缩写是______________，埋弧焊的英文缩写是_____________，CO_2气体保护焊的英文缩写是____________。

二、判断题（正确的打“√”，错误的打“×”）

1．焊接只能将金属材料永久性地连接起来，而不能将非金属材料永久性地连接起来。（　　）

2．熔焊是一种既加热又加压的焊接方法。（　　）

3．钎焊是将焊件和钎料加热到一定温度，使它们完全熔化，从而达到原子结合的一种连接方法。（　　）

4．等离子弧焊是一种熔焊方法。（　　）

5．电阻焊是常用的压焊方法。（　　）

三、选择题（将正确答案的代号填入括号内）

1. TIG 焊是指（　　）。

A．钨极氩弧焊　　B．熔化极氩弧焊　　C．CO_2 气体保护焊

2. MIG 焊是指（　　）。

A．钨极氩弧焊　　B．CO_2 气体保护焊　　C．熔化极氩弧焊

3. 焊条电弧焊属于（　　）。

A．熔焊　　B．压焊　　C．钎焊

4. 埋弧焊属于（　　）。

A．熔焊　　B．压焊　　C．钎焊

5. 点焊属于（　　）。

A．熔焊　　B．压焊　　C．钎焊

6. PAW 属于（　　）。

A．熔焊　　B．压焊　　C．钎焊

7.（　　）是永久性连接方式。

A．螺纹连接　　B．键连接　　C．焊接

8.（　　）是可拆卸连接方式。

A．焊接　　B．铆接　　C．螺纹连接

四、名词解释

1. 焊接

2. 熔焊

3. 压焊

4. 钎焊

五、简答题

1. 工业生产中，常用的零件连接方式有哪两大类？各有什么特点？

2. 焊接方法分为哪三大类？各包含哪些类型？

3. 如何区分熔焊与钎焊？各有什么特点？

4. 焊接与铆接、铸造相比有哪些优缺点？

§1-2 常用焊接热源

一、填空题（将正确答案填在横线上）

1. 金属焊接常用的热源有__________、__________、__________、__________、__________和__________等。

2. 由焊接电源供给的，具有一定__________的两电极间或电极与母材间，在气体介质中产生的__________而__________的放电现象称为焊接电弧。

3. 焊接电弧的引燃方法有__________和__________两种，前者主要应用于__________、__________、__________等，后者主要应用于__________和__________等。

4．焊接电弧按其构造可分为____________、______________、______________三部分。

5．______________和____________是焊接电弧产生和维持的两个必要条件。

6．电弧的静特性曲线呈____________形，它有__________个不同的区间，当电流较小时，电弧静特性属____________区，即随着电流的增大而电压__________；当电流稍大时，电弧静特性属__________区，即电流变化时电压__________；当电流较大时，电弧静特性属____________区，电压随电流的增大而__________。

7．引起焊接电弧偏吹的原因有三个，一是______________，二是______________，三是________________。

8．造成电弧产生磁偏吹的因素有____________________、__________________和____________________。

9．由于焊接电弧的____________区和____________区都很窄，因此，__________的长度基本上等于电弧长度。

10．焊接电弧的____________性是指电弧保持稳定燃烧的程度。

11．电焊条偏心度过大产生的偏吹通常采用______________方法来解决。

12．焊条电弧焊多工作在静特性的________________区；钨极氩弧焊、等离子弧焊多工作在静特性的______________区；熔化极氩弧焊、CO_2气体保护焊、熔化极活性气体保护焊基本上工作在静特性的__________区。

13．在直流弧焊电源焊接回路中，焊接电弧紧靠____________极的区域称为阴极区，温度为__________℃，释放出的热量占总热量的__________；紧靠__________极的区域称为阳极区，温度为__________℃，释放出的热量占总热量的__________。

二、判断题（正确的打“√”，错误的打“×”）

1．交流弧焊机因极性作周期性变化，为了提高电弧燃烧的稳定性，可在焊条药皮或焊剂中加入易电离的物质。（ ）

2．交流电弧由于电源的极性是周期性变化的，因此两个电极区的温度趋于一致。（ ）

3．焊接电弧是电阻性负载，所以服从欧姆定律，即电压增大时电流也增大。（ ）

4．不同的焊接方法其阳极区和阴极区的温度不同，一般焊条电弧焊阳极区温度高于阴极区温度。（ ）

5．一种焊接方法具有无数条电弧静特性曲线。（ ）

6．电弧静特性曲线只与电弧长度有关，与气体介质无关。（ ）

7．磁偏吹的方向随着电源极性的改变而改变。（ ）

8．增大焊接电流可以有效地减少磁偏吹。（ ）

9．使用交流电源时，由于极性不断变换，因此焊接电弧的磁偏吹要比采用直流电源时严重得多。（ ）

10．铁磁物质引起的磁偏吹，其方向偏向铁磁物质一侧。（ ）

11．正常焊接时，电弧的中心线总是与焊条的轴线方向一致，差不多垂直于焊件表面。（ ）

12. 焊接电弧磁偏吹的方向与连接焊件导线的位置有关。（ ）

13. 电弧的磁偏吹是由于焊条药皮偏心引起的。（ ）

14. 焊接处如有油污、水分、锈层存在时，电弧稳定性不会因此而改变。（ ）

15. 弧长对电弧稳定性没有影响。（ ）

16. 焊接时，采用直流电源比采用交流弧焊电源时电弧燃烧更稳定。（ ）

17. 焊接电弧弧柱温度与焊接电流大小有关。（ ）

18. 采用短弧焊接是减少电弧偏吹的方法之一。（ ）

19. 焊接电弧的静特性和金属电阻的静特性非常相似。（ ）

三、选择题（将正确答案的代号填入括号内）

1. 电弧的静特性曲线呈（ ）形。

A. X　　B. L　　C. U

2. 焊条电弧焊时，电弧越长，则电弧电压（ ）。

A. 越高　　B. 越低　　C. 不变

3. 焊条电弧焊时，电弧的静特性曲线工作在（ ）段。

A. 水平　　B. 上升　　C. 下降

4. 埋弧焊时，电弧静特性曲线在 U 形线的（ ）段。

A. 下降　　B. 上升　　C. 水平

5. 生产中减少电弧偏吹的措施有（ ）。

A. 调整焊条角度　　B. 增大电流　　C. 改变运条方法

6. 焊条电弧焊时，当电弧长度由长变短时，电弧静特性曲线（ ）。

A. 上移　　B. 不变　　C. 下移

7. 焊条药皮中含有较多的（ ）时，会降低焊接电弧的燃烧稳定性。

A. 钾　　B. 钠　　C. 氟化物

8. 在电弧静特性曲线的（ ）段，随着焊接电流的增大，电弧电压迅速减小。

A. 水平　　B. 上升　　C. 下降

9. （ ）是发射电子最集中的区域。

A. 阴极斑点　　B. 阳极斑点　　C. 弧柱

10. 焊接电弧是气体（ ）现象。

A. 放电　　B. 燃烧　　C. 对流

四、名词解释

1. 焊接电弧

2. 电弧静特性

3．阳极区

4．阴极区

5．弧柱

6．引弧

7．磁偏吹

8．电弧偏吹

9．焊接电弧的稳定性

五、简答题

1．焊接电弧产生的条件是什么？

2．什么是引弧？引弧方式有哪些？各有什么特点？

3．在一定条件下，不同的电弧焊方法，其静特性曲线如何？

4．影响电弧稳定燃烧的因素有哪些？

§1-3　焊接安全技术与劳动保护

一、填空题（将正确答案填在横线上）

1．当通过人体的电流超过__________A 时，生命就有危险；达到__________A 时，足以致命。

2．弧光辐射主要包括__________、__________和__________三种辐射。

3．焊接过程中对人体产生的有害因素主要是指____________、____________、____________、______________、____________和______________。

4．消除焊接车间有害气体和烟尘的主要措施是____________。

5．焊接区的通风方式主要有__________、__________和__________。

6．焊工焊接时，如不注意安全生产和劳动保护，就有可能引起____________、__________、__________、________、________等事故，甚至可能使焊工患上__________、____________、__________等职业病。

7．焊接时，焊工周围的空气常被________、________、____________、__________、__________、__________等有害气体及粉尘所污染。

8．特殊环境焊接是指在一般工业企业正规厂房以外的地方，如在____________、__________、__________等进行的焊接。

9．加强焊接劳动保护措施主要应从____________________________和________________两方面进行。

10．_______级以上大风或雨天、雪天、______等恶劣天气不得登高进行焊割作业。

11．在光线昏暗的场地、容器内操作或夜间工作时，使用的工作照明灯的安全电压应不大于_______V，在高空或特别潮湿场所作业时，安全电压应不超过_______V。

12．在容器内焊接时常用_______通风。

13．易燃、易爆物品与焊接工作场地之间的距离应大于_______m。

二、判断题（正确的打“√”，错误的打“×”）

1．为了防止爆炸和火灾的发生，在焊接作业场地 5 m 范围内严禁存放易燃、易爆物品。（　　）

2．面罩的作用是保护焊工的面部，以防止强烈的电弧光伤害和飞溅灼伤。（　　）

3．焊工在焊接过程中，紫外线对眼睛的伤害会引起电光性眼炎。（　　）

4．红外线对焊工眼睛的伤害会引起电光性眼炎。（　　）

5．在容器内焊接时，触电的危险比在容器外焊接小得多。（　　）

6．在潮湿的地点进行焊接作业时，地面上应铺绝缘物垫板。（　　）

7．带压设备焊接或切割前，卸不卸压无所谓。（　　）

8．焊工离开工作岗位时不得将焊钳放在焊件上。（　　）

9．在容器内部焊接时，常使用氧气而不是压缩空气作为通风气源。（　　）

10．雨天、雪天、雾天或刮大风（六级以上）时，禁止登高进行焊割作业。（　　）

11．雨天、雪天或雾天不准露天作业。（　　）

12．使用安全卫生性能好的焊接技术及提高焊接自动化水平是提高焊接劳动保护效果的主要措施之一。（　　）

13．焊工正确使用防护用品和搞好卫生保健工作是加强焊接劳动保护的重要措施。（　　）

14．对于潮湿而触电危险性大的环境，我国规定安全电压为 12 V。（　　）

三、选择题（将正确答案的代号填入括号内）

1．焊工在距基准面（　　）m 以上的高处进行的焊接作业为高处焊接作业，必须配有合格的安全带，严禁将电缆线背在肩上进行焊接。

A．2　　B．5　　C．10

2．使用工作照明灯时，电压应不超过（　　）V。

A．36　　B．60　　C．110

3．易燃、易爆物品应放置在距离电焊场所（　　）m 以外。

A．5　　B．10　　C．2

4．发现焊工触电时应立即（　　）。

A．报告领导　　B．切断电源　　C．将人拉开

5．易燃、易爆容器焊接前进行置换作业用的气体是（　　）。

A．N_2 和 CO_2　　B．CO 和 H_2　　C．CO 和 CO_2

6．焊接设备的安装、修理和检查应由（　　）进行。

A．车间主任　　B．电工　　C．焊工本人

7．焊工患有（　　）等疾病时，应禁止登高进行焊割作业。

A．高血压、肠炎　　B．心脏病、胃病　　C．高血压、心脏病

8．紫外线对人体的危害主要是会引起（　　）。

A．闪光幻觉　　B．耀眼炫目　　C．电光性眼炎

四、名词解释

1．特殊环境焊接

2．高处焊接作业

3．劳动保护

五、简答题

1. 焊工焊接时应怎样防止触电事故?

2. 焊接时如何防止火灾和爆炸事故的发生?

3．预防有害气体和烟尘中毒的措施有哪些？

4．预防弧光辐射的安全技术有哪些？

5．高处焊接作业时应注意哪些安全事项？

6．容器内焊接时应注意哪些安全事项？

7．露天或野外焊接作业时应注意哪些安全事项？

第二章　焊接接头与焊接识图

§2-1　焊接接头与焊缝

一、填空题（将正确答案填在横线上）

1．焊接接头的坡口根据其形状不同可分为________、________和________三类。

2．焊接接头的基本形坡口有________、________、________、________、________五种形式。

3．用________方法连接的接头称为焊接接头，焊接接头由________、________和________三部分组成。

4．待焊件上的________称为坡口面，两坡口面之间的夹角叫作________。

5．焊件开坡口时，沿焊件接头坡口根部端面的________部分叫作钝边，钝边的作用是________。

6．________叫作根部间隙，其作用是________。

7．两焊件表面构成大于或等于________、小于或等于________夹角的接头叫作对接接头。两焊件端部构成大于________、小于________夹角的接头称为角接接头。

8．一个焊件端面与另一个焊件表面构成________的接头称为T形接头。两焊件部分重叠构成的接头称为________。

9．焊缝表面与母材的________叫作焊趾，焊缝表面两焊趾之间的距离叫作________。

10．超出母材表面连线上面的那部分焊缝金属的最大高度叫作________。

11．在角焊缝的横截面中，从一个直角面上的焊趾到另一个直角面表面的最小距离称为________。在角焊缝的横截面中画出的最大等腰直角三角形中________的长度叫作焊脚尺寸。

12．熔焊时，焊件接缝所处的空间位置叫作________，主要有________、________、________、________、________、________等位置。

13．焊接接头的五种基本类型是________、________、________、________和________。

14．对接接头常用的坡口形式有________、________、________、________等。

15．常用的坡口加工方法有__________、__________、________________等，较难加工的坡口形式是______________坡口。

16．焊缝按施焊时在空间所处位置不同可分为____________、________________、__________和____________4种形式。

17．焊缝按其结合形式不同可分为______________、____________、____________、____________、________________5种形式。

18．按断续情况不同，焊缝可分为____________、__________和______________3种形式。

19．不同厚度钢板对接焊时，如果板厚差超过规定值，则应在较厚板上进行单面或双面削薄，其削薄长度应为______________。

二、判断题（正确的打"√"，错误的打"×"）

1．凡是不等厚度钢板对接焊时，厚板均应进行削薄处理。（　　）

2．开坡口的目的是使根部焊透并便于清渣，获得好的焊缝成形。（　　）

3．留钝边的目的是防止接头根部烧穿。（　　）

4．角接接头常用于重要的焊接结构中，所以角接接头是焊接结构中采用最多的一种接头形式。（　　）

5．U形坡口比V形坡口加工难度大。（　　）

6．在角焊缝的横截面中，从一个直角面上的焊趾到另一个直角面表面的最小距离称为焊脚尺寸。（　　）

7．一个焊件的端面与另一个焊件表面构成直角的接头称为T形接头。（　　）

8．对接接头是比较理想的接头形式，受力状况好，应力集中程度较小。（　　）

9．在焊件的坡口面间或一个零件的坡口面与另一个零件表面间焊接的焊缝称为对接焊缝。（　　）

10．焊前为装配和固定构件接缝的位置而焊接的短焊缝称为定位焊缝。（　　）

11．焊缝余高越高，连接强度越高，因此余高越高越好。（　　）

12．焊缝余高过高，焊趾处易产生应力集中，所以余高不能过高，但可低于母材。（　　）

13．焊缝成形系数过小，焊缝宽而浅，易产生气孔和裂纹。（　　）

14．焊缝成形系数过大，焊缝窄而深，易产生焊不透等现象。（　　）

三、选择题（将正确答案的代号填入括号内）

1．焊缝成形系数是（　　）的比值，用φ表示。

A．B/H　　B．H/B　　C．H/α

2．船形焊是指T形（十字）接头和角接接头处于（　　）位置进行的焊接。

A．平焊　　B．立焊　　C．横焊　　D．仰焊

3．焊接接头根部预留间隙的作用是（　　）。

A．防止烧穿　　B．保证根部焊透　　C．减小应力

4．工件厚度为16 mm，焊条电弧焊时，既要保证焊接质量，又要便于坡口加工且焊后变形小，应选用（　　）坡口。

A. V 形　　B. U 形　　C. 双 V 形

5. 容易获得良好的焊缝成形的焊接位置是（　　）。

A. 平焊位置　　B. 横焊位置　　C. 立焊位置

D. 仰焊位置　　E. 全位置焊接

6. 当厚度为 8 mm 和 12 mm 的两板对接焊时，应将厚板削薄。如单面削薄，其削薄长度为（　　）mm。

A. 14　　B. 10　　C. 8

7. 当对接接头的板厚超过（　　）mm 时，焊条电弧焊应开坡口。

A. 6　　B. 2　　C. 10

8. 在角焊缝的横截面中画出的最大等腰直角三角形中，直角边的长度是（　　）。

A. 焊脚尺寸　　B. 焊脚　　C. 焊脚高度

9. 在角焊缝的横截面中，从一个直角面上的焊趾到另一个直角面表面的最小距离是（　　）。

A. 焊脚尺寸　　B. 焊脚　　C. 焊脚高度

10.（　　）坡口的焊缝填充金属量最少。

A. V 形　　B. U 形　　C. 双 V 形　　D. I 形

11. 两焊件端部构成大于 30°、小于 135° 夹角的接头称为（　　）。

A. 端接接头　　B. 搭接接头　　C. T 形接头　　D. 角接接头

12. 焊接前开坡口是为了在焊接时（　　）。

A. 增大熔宽　　B. 保证焊透　　C. 增大熔合比　　D. 工件装配方便

13. 在焊件的坡口面间或一个零件的坡口面与另一个零件表面间焊接的焊缝是（　　）。

A. 对接焊缝　　B. 角焊缝　　C. 塞焊缝　　D. 槽焊缝

14. 沿两直交或近直交零件的交线所焊接的焊缝是（　　）。

A. 对接焊缝　　B. 角焊缝　　C. 塞焊缝　　D. 槽焊缝

15. 焊前为装配和固定构件接缝的位置而焊接的短焊缝称为（　　）。

A. 定位焊缝　　B. 断续焊缝　　C. 塞焊缝　　D. 槽焊缝

16. 在焊缝横截面中，从焊缝正面到焊缝背面的距离称为（　　）。

A. 焊缝厚度　　B. 熔深　　C. 余高　　D. 焊缝宽度

17.（　　）坡口不能采用气割来完成。

A. V 形　　B. U 形　　C. 双 V 形　　D. I 形

四、名词解释

1. 焊接接头

2．焊缝

3．焊缝成形系数

4．坡口

5．焊脚

五、简答 / 计算题

1．开坡口的目的是什么？选择坡口形式时应考虑哪些原则？

2．坡口尺寸有哪些？各用什么符号来表示？

3．焊接接头的基本类型有哪些？各有什么特点？

4．什么是焊缝？焊缝按分类方法不同可分为哪几种形式？

5．下图为一对接焊缝截面，求此焊缝的焊缝成形系数。

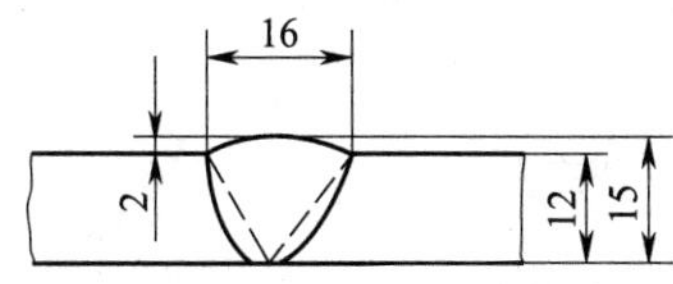

6. 下图为一焊接接头的坡口形式，试求 A 面和 B 面的坡口角度及坡口面角度。

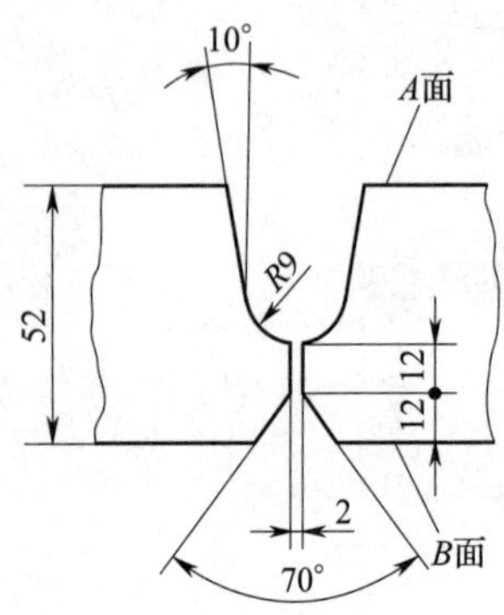

§2-2 焊缝符号和相关工艺方法代号

一、填空题（将正确答案填在横线上）

1. 焊缝符号一般由____________和__________组成，必要时还可以加上__________、__________________________。

2. 基本符号是表示焊缝____________的基本形式或特征的符号。

3. 带钝边 V 形焊缝的符号为________________，角焊缝的符号为______________；焊缝表面平整的符号为________________；焊缝底部有永久衬垫的符号为____________________；环绕工件周围焊缝的符号为__________________。

4. 焊缝表面凹陷的符号为_________________________，凸起的双面 V 形焊缝的符号为_________________，平齐的 V 形焊缝的符号为___________________。GB/T 324—2008 规定，如果焊缝在接头的箭头侧，则将基本符号标在基准线的__________________侧；若焊缝在接头的非箭头侧，则将基本符号标在基准线的__________________侧；标对称焊缝和双面焊缝时可省略__________________线。

5. GB/T 5185—2005 规定，焊条电弧焊的代号是______________________，埋弧焊的代号是_______________，钨极惰性气体保护电弧焊的代号是____________________，等离子弧切割的代号是_________________。

二、判断题（正确的打“√”，错误的打“×”）

1. GB/T 324—2008 规定，焊缝横截面上的尺寸标注在基本符号的右侧，焊缝长度方向尺寸标注在基本符号的左侧。（　　）

2. 对称焊缝和双面焊缝符号的基准线可不加虚线。（　　）

3. 基本符号是表示焊缝横截面的基本形式或特征的符号。（　　）

4. 焊缝符号中的黑旗表示焊缝为重要焊缝。（　　）

5．焊缝符号中的圆圈表示焊缝环绕工件周围。（　　）

6．焊缝形式、尺寸和焊接方法只能通过焊缝符号来标注。（　　）

7．角焊缝焊脚尺寸 K 应标注在焊缝基本符号的右侧。（　　）

8．补充符号用来补充说明有关焊缝或接头的某些特征（如表面形状、衬垫、焊缝分布、施焊地点等）。（　　）

9．在工程图样中，焊缝也可采用图示法，可用视图、剖视图或断面图、局部放大图及轴测图表示。（　　）

三、选择题（将正确答案的代号填入括号内）

1．（　　）是说明焊缝表面形状的符号。

A．基本符号　　B．尺寸符号　　C．补充符号

2．在焊缝基本符号左侧应标注（　　）。

A．焊缝段数　　B．焊缝长度　　C．钝边

3．在焊缝基本符号右侧应标注（　　）。

A．坡口角度　　B．根部间隙　　C．焊缝长度

4．在焊缝基本符号的上侧或下侧应标注（　　）。

A．坡口角度　　B．根部半径　　C．焊缝长度　　D．钝边

5．（　　）符号不是补充符号。

A．凹面　　B．圆滑过渡　　C．封底焊缝

6．（　　）符号不是焊缝尺寸符号。

A．坡口面角度　　B．焊缝有效厚度　　C．熔深

四、简答题

1．焊缝符号由哪几部分组成？各有什么作用？

2．焊缝补充符号主要有哪些？

3．焊缝尺寸符号主要有哪些？

§2-3　焊接结构装配图的识读

一、填空题（将正确答案填在横线上）

1．完整的焊接结构装配图一般由__________、__________、__________和______________四部分组成。

2．焊缝符号 ○4◺111 表示____________________________________。

3．焊缝符号 45° 4◺ 表示____________________________________。

4．⊻表示__________________________焊缝。

5．◺表示__________________________焊缝。

6．sY表示__________________________焊缝。

7．$\frac{K}{K}$◺ $\frac{n\times l}{n\times l}$ Z$\frac{(e)}{(e)}$ 表示___________________________________焊缝。

8．60° 10 2 V 4×100 〈12 表示___________________________________焊缝，焊接方法为________________。

二、简答／计算题

1．焊接结构装配图有什么特点？

2．下图为某企业生产的支座装配图，图中多处标有焊缝符号，说明这些焊缝符号的含义。

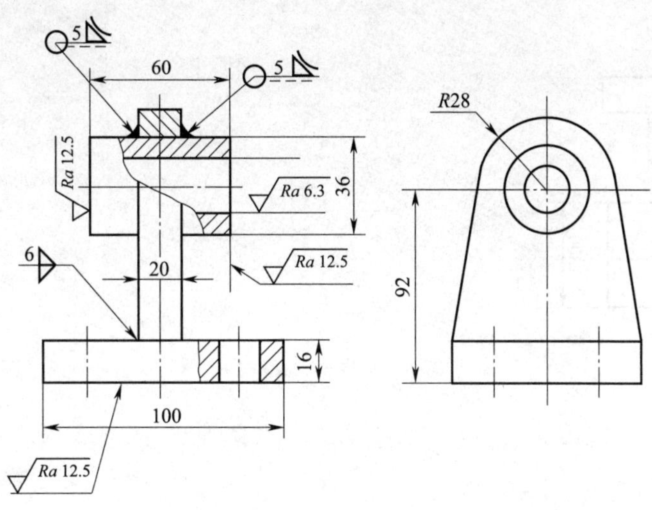

3．下图为一T形接头角焊缝的标注示意图，识读并说明该焊缝的实际焊接长度应为多少？

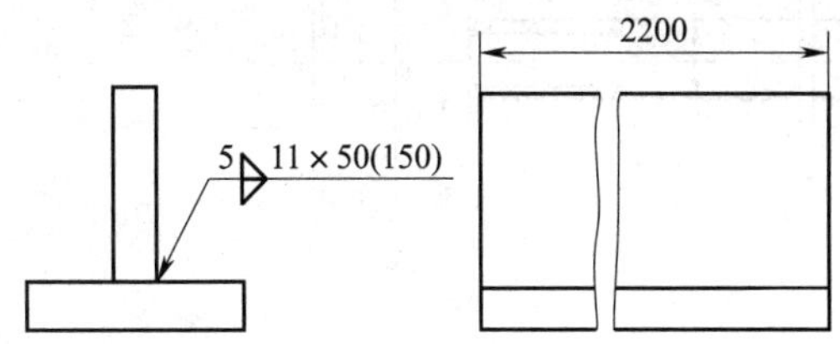

4．已知一板板搭接焊缝如下图所示，采用直径为 4 mm 的焊条进行焊条电弧焊，现查得此接头形式的焊条电弧焊每米焊缝焊条消耗量为 0.75 kg，试计算焊缝长度及焊条消耗量。

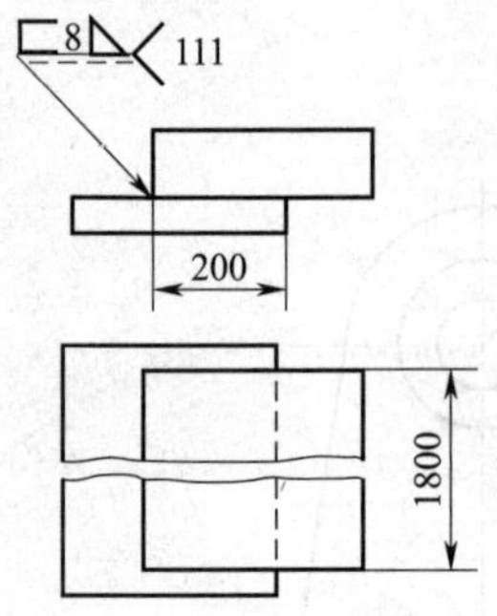

5．下图所示为锅炉弯管接头结构图，说明图中焊缝符号的含义。

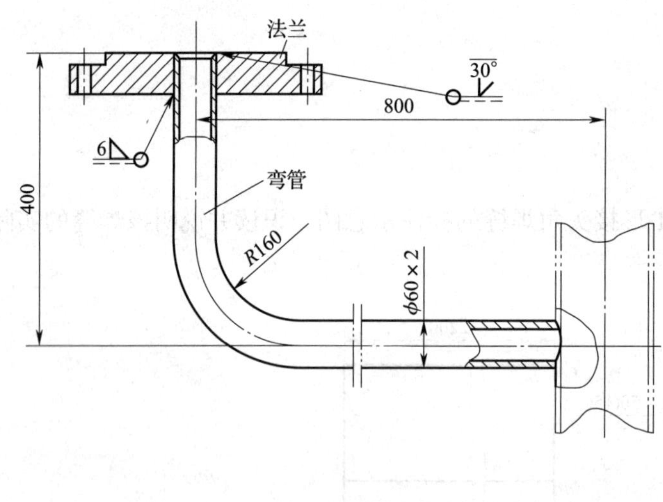

6. 下图所示为一立柱焊接结构图，识读该装配图，说明图中焊缝符号的含义。

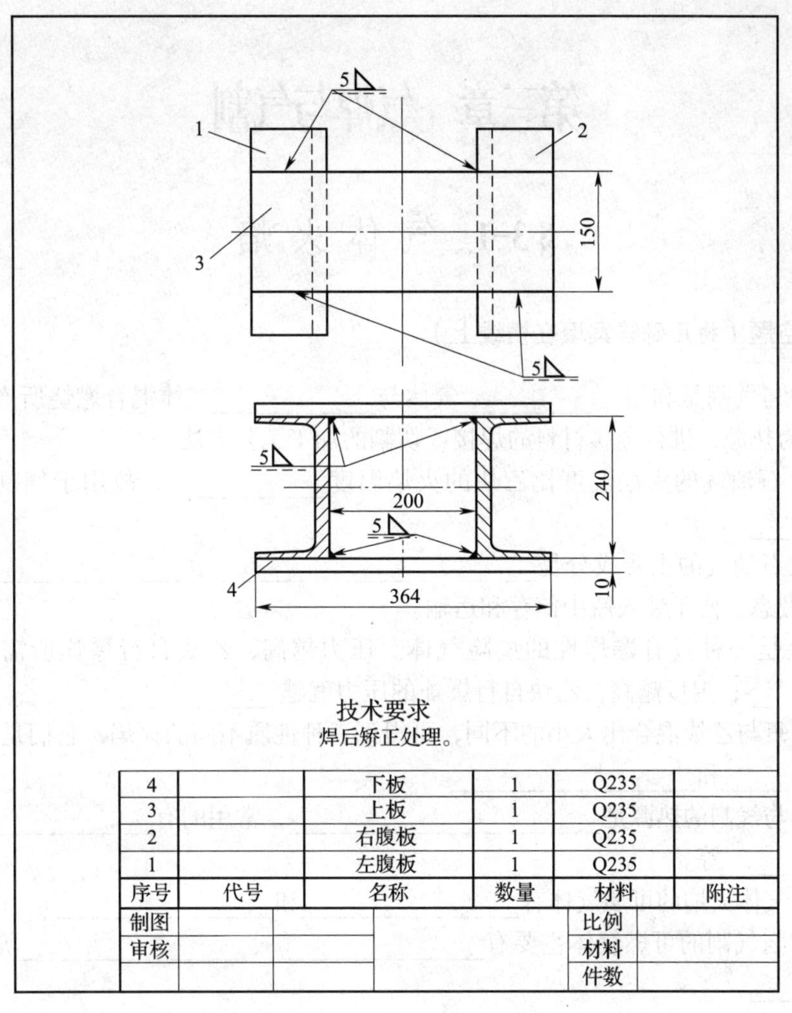

4		下板	1	Q235	
3		上板	1	Q235	
2		右腹板	1	Q235	
1		左腹板	1	Q235	
序号	代号	名称	数量	材料	附注

第三章　气焊与气割

§3-1　气 体 火 焰

一、填空题（将正确答案填在横线上）

1. 气焊与气割是利用__________气体与__________气体混合燃烧所产生的气体火焰的热量作为热源，进行金属材料的焊接或切割的加工工艺方法。

2. 液化石油气的火焰温度比乙炔的火焰温度__________，故用于气割时，预热时间__________。

3. 液化石油气的主要成分是______、______、______，在_____________MPa压力下就可变成液态，便于装入瓶中储存和运输。

4. 乙炔是一种具有爆炸性的危险气体。压力越高，乙炔自行爆炸所需的温度就越____________；温度越高，乙炔自行爆炸的压力就越__________。

5. 根据氧与乙炔混合比大小的不同，可得到三种性质不同的火焰，它们是_________、_____________和________________。

6. 气焊与气割的热源是____________________，常用的有__________________和_____________等。

7. 产生气体火焰的可燃气体有______________和______________。

8. 气焊与气割的可燃气体主要有______________、______________等，助燃气体是__________。

9. 乙炔是_________气体，它与空气混合时所产生的火焰温度为_________℃，与氧气混合燃烧时所产生的火焰温度为______________℃。

10. 乙炔是由______________与_________相互作用而得到的一种无色而带有特殊臭味的碳氢化合物，其分子式为_________。

11. 乙炔与铜或银长期接触后会生成爆炸性的化合物_______________________或__________，它们受到剧烈振动或者加热到______________℃就会爆炸。

二、判断题（正确的打“√”，错误的打“×”）

1. 凡是与乙炔接触的器具或设备禁止用银或含铜量超过70%的铜合金制造。（　　）

2. 乙炔燃烧时可用四氯化碳来灭火。（　　）

3. 液化石油气在氧气中的燃烧速度小于乙炔在氧气中的燃烧速度。（　　）

4. 氧气本身不能燃烧，但它能帮助其他可燃物质燃烧。（　　）

5. 氧乙炔焰就是氧气与乙炔燃烧产生的气体火焰。（　　）

6. 当氧与乙炔混合比为1.1～1.2时，燃烧所形成的火焰是中性焰。（　　）

7．当氧与乙炔混合比大于 1.2 时，燃烧所形成的火焰是碳化焰。（　　）

8．当氧与乙炔混合比小于 1.1 时，燃烧所形成的火焰是氧化焰。（　　）

9．氧—液化石油气火焰的温度比氧乙炔焰温度稍高，其在氧气中的燃烧温度为 2 800 ～ 2 850℃。（　　）

10．乙炔是一种具有爆炸性的危险气体，使用时要严格按规程操作。（　　）

11．气焊目前仍然是一种主要的焊接方法。（　　）

12．碳化焰具有较强的还原作用，也有一定的渗碳作用。（　　）

三、选择题（将正确答案的代号填入括号内）

1．乙炔着火时不能用（　　）灭火器进行灭火。

A．四氯化碳　　B．二氧化碳　　C．干粉

2．在氧乙炔焰中氧气起（　　）作用。

A．助燃　　B．燃烧　　C．助燃和燃烧

3．氧化焰的最高温度可达（　　）℃。

A．3 050 ～ 3 150　　B．2 700 ～ 3 000　　C．3 100 ～ 3 300

4．凡是与乙炔接触的器具禁止采用（　　）制造。

A．钢　　B．纯铜　　C．铁

5．乙炔既是（　　）气体，又是易爆炸性气体。

A．可燃性　　B．自燃　　C．阻燃

6．铜或（　　）与乙炔长期接触后，其表面所生成的化合物受到剧烈冲击时就会发生爆炸。

A．银　　B．铝　　C．铅

7．气焊是利用（　　）的热量作为热源的一种焊接方法。

A．气体火焰　　B．电阻热　　C．电弧热

8．GB/T 5185—2005 规定，氧乙炔焊的焊接工艺方法代号是（　　）。

A．311　　B．111　　C．141

9．（　　）不能作为气焊和气割的可燃气体。

A．氩气　　B．氢气　　C．丙烷　　D．天然气

四、名词解释

1．碳化焰

2．中性焰

3．氧化焰

五、简答题

1．产生气体火焰的气体有哪些？各有什么特性？

2．氧乙炔焰按混合比不同可分为哪几种火焰？它的性质及应用范围如何？

§3-2 气　　焊

一、填空题（将正确答案填在横线上）

1. 气焊熔剂的作用是____。

2. 氧气瓶外表涂____________色，“氧”字样颜色为________________色；乙炔瓶外表涂____________色，“乙炔　不可近火”字样颜色为________________色；液化石油气瓶外表涂___________色，“液化石油气”字样颜色为_________色。

3. 减压器有两个作用，分别是___________和___________。

4. 在焊炬型号 H01-20 中，H 表示_______，01 表示________________，20 表示________________。

5. 气焊参数主要有________________、__________、______________、______________________、__________、__________。

6. 焊炬的倾斜角度主要取决于_____________、__________和__________。

7. 在气焊过程中，焊丝与焊件表面的倾斜角度一般为____________，焊丝与焊炬中心线的角度一般为_____________。

8. 气焊时，按照焊炬和焊丝的移动方向不同，可分为_________焊法和_________焊法两种，前者适合焊厚板，后者适合焊薄板。

9. 减压器按构造不同可分为___________式和__________式，按工作原理不同可分为______________式和___________式。目前常用的是______________式减压器。

10. 用气焊焊接铝及铝合金时，常采用的火焰是____________或_____________。

11. GB/T 2550—2016 规定，氧气管为________色，乙炔管为________色。

12. 用氧乙炔焰气焊时，预热火焰的能率以____________________来表示。

二、判断题（正确的打“√”，错误的打“×”）

1. 气焊时，所用气焊丝的熔点应高于被焊金属的熔点。　（　　）

2. 气焊时，一般碳素结构钢不需要气焊熔剂，而不锈钢、铝及铝合金、铸铁等必须用气焊熔剂。　（　　）

3. 气焊铸铁时可选用碳化焰。　（　　）

4. 左向焊法比右向焊法更易使焊缝氧化。　（　　）

5. 中性焰适用于焊接一般的低碳钢和要求焊接过程中对熔化金属渗碳的金属材料。　（　　）

6. 为了储存乙炔，乙炔瓶内装有浸满丙酮的多孔性填料。　（　　）

7. 冬季要防止氧气瓶冻结，如果冻结只能用明火加热。　（　　）

8. 采用左向焊法时，焊炬指向焊缝，适合焊接厚度较大、熔点及导热性较高的焊件。　（　　）

9. 氧气瓶是储存和运输氧气的一种高压容器，其外表涂黑色，瓶体上用蓝漆标注“氧气”字样。 （ ）

10. 无论焊接哪种金属，焊接火焰选用中性焰最合适。 （ ）

11. 气焊黄铜时常采用碳化焰。 （ ）

12. 气焊薄板或其他位置焊缝时，火焰能率要比平焊时适当减小。 （ ）

三、选择题（将正确答案的代号填入括号内）

1. 气焊黄铜时，为防止锌蒸发，宜选用（ ）来焊接。

A. 氧化焰 B. 碳化焰 C. 中性焰

2. 气焊高碳钢时，宜用（ ）来焊接。

A. 中性焰 B. 氧化焰 C. 碳化焰

3. 气焊 20 钢时，宜用（ ）来焊接。

A. 中性焰 B. 氧化焰 C. 碳化焰

4. 气焊下面四种材料中的（ ）时必须用气焊熔剂。

A. Q235 B. 20 C. 15CrMo D. HT200

5. 在其他条件相同的情况下，气焊平焊缝时，选用的火焰能率要比气焊立焊缝时选用的火焰能率（ ）。

A. 大 B. 小 C. 相同

6. 氧气瓶容积为 40 L，在 15 MPa 压力和常温下可储存（ ）L 的氧气。

A. 4 000 B. 6 000 C. 10 000

7. 若焊丝直径过细，焊接时很快熔化下滴，而焊件尚未熔化，则容易产生（ ）缺欠。

A. 熔合不良 B. 咬边 C. 气孔

8. 如果氧气瓶已经冻结，严禁用（ ）加热解冻。

A. 热水 B. 蒸汽 C. 火

9. CJ301 是用于气焊（ ）的一种熔剂。

A. 黄铜 B. 铸铁 C. 中碳钢

10. 焊接黄铜时，为阻碍锌的蒸发，常在焊丝中加入（ ）元素。

A. 锡 B. 铝 C. 硅

11. 气焊采用的主要接头形式是（ ）。

A. 对接接头 B. 搭接接头 C. T 形接头 D. 角接接头

12. 乙炔瓶的工作压力为（ ）MPa。

A. 1.5 B. 15 C. 0.4

13. CJ201 是用于气焊（ ）的一种熔剂。

A. 铝 B. 铜 C. 铸铁

14. 氧气胶管为（ ）色。

A. 蓝 B. 红 C. 白

15. 左向焊法是在焊接过程中，焊接热源从（ ）向（ ），焊炬指向焊件未焊部分的一种操作方法。

A．左；右　　　　B．右；左　　　　C．上；下

四、名词解释

1．气焊

2．焊炬

3．减压器

4．左向焊法

5．右向焊法

五、简答题

1．气焊的原理和特点是什么？

2．试述单级反作用式减压器的减压和稳压原理。

3．气焊 H62、07Cr19Ni11Ti、1035（L4）、HT200 材料时各应选用什么牌号的焊丝和气焊熔剂？

4．解释焊炬型号 H01–6 的含义。

5．简述射吸式焊炬的构造及工作原理。

6．气焊设备及工具主要有哪些？

7．气焊的焊接参数主要有哪些？

§3-3 气 割

一、填空题（将正确答案填在横线上）

1．在割炬型号 G01-30 中，G 表示______________，01 表示______________，30 表示______________。

2．焊炬按可燃气体与氧气混合的方式不同可分为______________和______________两类；割炬按可燃气体与氧气混合的方式不同可分______________和______________两类，但______________使用较多。

3．气割参数主要有______________、______________、______________、______________、______________等。

4．气割时割嘴倾斜角度大小主要根据割件厚度而定，当割件厚度小于 6 mm 时，割嘴______________；当割件厚度为 6 ~ 30 mm 时，割嘴______________；当割件厚度大于 30 mm，开始气割时应将割嘴______________，割穿后应将割嘴______________，快割完时应将割嘴______________。

5．CG1-30 型切割机是______________式的，它能气割______________或______________。

6．仿形气割机的结构形式有______________和______________两种类型，其工作原理是______________。

7．用氧乙炔焰气割时，预热火焰的能率以____________________来表示。

8．割嘴根据结构形式不同，可分为____________和____________两种。

9．数控是指用于控制机床或设备的______________是以______形式给定的一种新的控制方式。

10．金属在氧气中的燃点应____________熔点，这是氧气切割过程能正常进行的最基本条件。

11．等压式割炬不适用__________乙炔，必须采用__________乙炔。

二、判断题（正确的打“√”，错误的打“×”）

1．发生回火的根本原因是混合气体的喷出速度大于其燃烧速度。（　　）

2．气割就是利用气体火焰的热能将工件切割处预热到一定温度，使之熔化，然后喷出高速切割氧流，将熔化金属吹掉而形成切口的过程。（　　）

3．钢的含碳量越高，其氧气切割性能越好。（　　）

4．切割低碳钢时，由金属燃烧所产生的热量约占 70%。（　　）

5．氧气切割的实质是被割材料在纯氧中的燃烧过程而不是熔化过程。（　　）

6．气割结束时，应先关闭乙炔和预热氧调节阀，再关闭切割氧调节阀。（　　）

7．气割发生回火时，应先关闭氧气调节阀。（　　）

8．用仿形气割机切割零件时，必须先根据被割零件的形状设计样板。（　　）

9．气割时，预热火焰一般采用中性焰或轻微碳化焰。（　　）

10．气割时，上层金属燃烧产生的热量对下层金属起着预热作用。（　　）

11．氧气纯度与割缝质量及气体消耗量有关，与气割速度无关。（　　）

12．氧气瓶阀、氧气减压器、焊炬、割炬和氧气胶管等严禁沾染上易燃物质和油脂。（　　）

13．气割后拖量就是在氧气切割过程中，在同一条切口上沿切割方向两点间的最大距离。（　　）

14．被切割金属材料的燃点高于熔点是保证切割过程顺利进行的最基本条件。（　　）

15．乙炔在氧气中的燃烧过程是先吸热后放热的过程。（　　）

16．后拖量是指切割面上切割氧气流轨迹的始点与终点在水平方向的距离。（　　）

17．气割时，割嘴离割件表面的距离一般为 3 ~ 5 mm。（　　）

三、选择题（将正确答案的代号填入括号内）

1．下面五种材料中（　　）不能用氧乙炔焰气割。

A．纯铁　　B．Q235　　C．06Cr19Ni10

D．1070A　　E．H68

2．气割后拖量过大，主要是由于（　　）引起的。

A．气割速度过快　　B．气割速度过慢　　C．氧气压力太高

3．在氧气切割过程中，金属燃烧应是（　　）反应。

A．置换　　B．还原　　C．吸热　　D．放热

4．用氧乙炔焰气割时，预热火焰应采用（　　）。

A．碳化焰　　B．中性焰　　C．氧化焰

5．随着含碳量的增加，钢的熔点（　　），燃点（　　），（　　）气割的进行。

A．升高　　B．降低　　C．有利于　　D．不利于

6．不锈钢不能用氧乙炔焰气割，原因是（　　）。

A．金属导热性好　　B．金属燃烧是吸热反应

C．氧化物熔点高

7．（　　）坡口不能用气割来加工。

A．V形　　B．U形　　C．K形

8．G01–30型割炬是（　　）割炬。

A．射吸式　　B．等压式　　C．重型

9．割嘴与割件倾斜角度的大小主要根据（　　）而定。

A．割件厚度　　B．割件材料　　C．割嘴形状

10．G02–100型割炬是（　　）割炬。

A．射吸式　　B．等压式　　C．重型

四、名词解释

1．气割

2．后拖量

3．割炬

4．回火

五、简答题

1．气割的原理和特点是什么？

2．金属能用氧气切割的条件是什么？

3．气割参数包括哪些？应如何选择？

4．简述射吸式割炬的构造及工作原理。

5．铜及铜合金、铝及铝合金、铸铁、铬镍奥氏体不锈钢不能采用氧乙炔焰气割的原因是什么？

6．气割时产生后拖量的原因主要有哪些？

7．气割的设备及工具主要有哪些？

8．简述数控气割的工作原理。

9. 解释割炬型号 G02-100 的含义。

10. 气焊、气割工作中发生回火的原因是什么?

第四章　焊条电弧焊

§4-1　焊条电弧焊的原理及特点

一、填空题（将正确答案填在横线上）

1. 用__________操纵焊条进行焊接的电弧焊方法称为焊条电弧焊。

2. 焊条电弧焊的焊接回路由__________、__________、__________、__________、__________和__________组成。

3. 焊条电弧焊的优点是__________、__________、__________和__________。

4. 焊条电弧焊的缺点是__________、__________。

二、判断题（正确的打"√"，错误的打"×"）

1. 焊条电弧焊是利用焊条和焊件之间产生的焊接电弧来加热并熔化焊条与局部焊件以形成焊缝的。（　　）

2. 焊条电弧焊是目前焊接生产中使用最广泛的焊接方法，但有逐步被半自动焊、自动焊取代的趋势。（　　）

3. 焊条电弧焊的英文缩写是 SMAW。（　　）

4. 焊条电弧焊是压焊中应用最广泛的一种焊接方法。（　　）

5. 焊条电弧焊的引弧方法是接触引弧。（　　）

6. 焊条电弧焊是通过焊条的药皮熔化时产生的大量气体来保护焊接区域的。（　　）

三、选择题（将正确答案的代号填入括号内）

1. 焊条电弧焊对焊接区域的保护方式是（　　）。
   A．气保护　　B．渣保护　　C．气渣联合保护

2. 下列选项中（　　）不是焊条电弧焊的优点。
   A．工艺灵活，适应性强　　B．设备简单，成本较低
   C．焊接生产效率低

3. 焊条电弧焊的缺点是（　　）。
   A．焊缝质量依赖性强　　B．设备简单，成本较低
   C．易于分散焊接应力及控制焊接变形

4. 下列焊条电弧焊的特点中正确的是（　　）。
   A．设备复杂　　B．成本高　　C．劳动强度大　　D．生产效率高

§4-2 焊条电弧焊设备及工具

一、填空题（将正确答案填在横线上）

1．焊条电弧焊最主要、最重要的设备是____________。

2．弧焊电源按结构原理不同可分为____________、____________和____________三大类。

3．在其他参数不变的情况下，__________与__________之间的关系称为弧焊电源的外特性。

4．弧焊电源的外特性基本上有__________、__________、__________三种类型。

5．焊机型号 BX3–300 中的 B 表示____________，X 表示____________，3 表示________，300 表示____________。

6．焊机型号 ZX7–300 中的 Z 表示____________，X 表示____________，7 表示________，300 表示____________。

7．对于 500 A 以下焊条电弧焊电源的工作时间周期规定为________min。

8．BX3–300 焊机通过________________进行电流粗调节，通过________________进行电流细调节。

9．弧焊电源的动特性是指________________。动特性合适时，引弧______，电弧______，飞溅______，焊缝成形______。

10．按结构，BX1–300 型焊机属于________式；BX3–500 型焊机属于______式。它们都是靠____________获得____________外特性的。

11．焊机型号 AX1–500 中的 A 表示____________，X 表示____________，1 表示__________，500 表示____________。

12．BX1–300 型焊机，当活动铁心由里向外移动而离开固定铁心时，__________减少，则焊接电流__________。

13．BX3–300 型焊机，摇动手柄使一次绕组、二次绕组距离增大时，__________增加，焊接电流__________。

14．改变极性和调节焊接电流必须在__________的状态下进行。

二、判断题（正确的打“√”，错误的打“×”）

1．动铁心式弧焊变压器的陡降外特性是靠动铁心的漏磁作用获得的。（ ）

2．BX1–300 型动铁心式弧焊变压器的电流可连续调节。（ ）

3．逆变电源可以做成直流电源，也可以做成交流电源。（ ）

4．电源的空载电压越低，电弧就越易引燃。（ ）

5．焊条电弧焊时，电源外特性曲线与电弧静特性曲线的交点就是电弧燃烧工作点。（ ）

6. 焊机的负载持续率越高越好。 （ ）

7. 焊机的负载持续率越高，可以使用的焊接电流就越大。 （ ）

8. 型号 AX1-500 中的 500 表示该焊机的最大输出电流，即使用该焊机的焊接电流应不超过 500 A。 （ ）

9. 动圈式弧焊变压器和动铁心式弧焊变压器都是利用漏磁来获得下降外特性的。 （ ）

10. 在焊机上调节电流实际上是调节外特性曲线。 （ ）

11. 弧焊电源的外特性曲线都是陡降的。 （ ）

12. 在无电源的地方，可利用柴油机拖动的弧焊发电机进行焊接作业。 （ ）

13. 焊机适应焊接电弧变化的特性称为焊机的动特性。 （ ）

14. 一台焊机只有一条外特性曲线。 （ ）

15. 在焊接回路中，弧焊电源输出的电流就是焊接电流。 （ ）

16. 随着输出电流增大，弧焊电源的输出电压下降，这一特性称为弧焊电源的下降外特性。 （ ）

17. 弧焊电源的空载电压在满足焊接工艺要求的前提下应尽可能高些。 （ ）

18. 弧焊发电机和弧焊整流器均为直流弧焊电源。 （ ）

19. BX3-300 型焊机电流的粗调节是通过改变一次绕组、二次绕组的匝数来进行的。 （ ）

20. 使用弧焊电源时，其负载持续率的大小不影响弧焊电源的使用寿命。 （ ）

21. 弧焊电源的种类应根据焊接工作要求及自身的特点进行选择。 （ ）

22. 交流弧焊电源没有正接和反接的区别。 （ ）

23. AX-320 型焊机的空载电压为 320 V。 （ ）

24. 弧焊逆变器的优点之一是质量轻，体积小，整机质量仅为传统弧焊电源的 1/10 ~ 1/5。 （ ）

25. 高效节能是弧焊逆变器的优点之一。 （ ）

三、选择题（将正确答案的代号填入括号内）

1. 在稳定状态下，弧焊电源输出电压与输出电流之间的关系称为（ ）。

A．电源外特性 B．电弧静特性

C．电源动特性 D．电源调节特性

2.（ ）电源是晶闸管弧焊整流器。

A．AX7-400 B．ZX5-400 C．ZX-400

3.（ ）电源是逆变弧焊整流器。

A．BX1-400 B．ZX7-250 C．ZX-400

4. 常用的动圈式交流弧焊机型号是（ ）。

A．BX3-300 B．ZX7-400 C．BX1-300

5. 焊条电弧焊电源要求具有（ ）外特性。

A．陡降 B．上升 C．平

6. 动圈式弧焊变压器是依靠（ ）获得下降外特性的。

A．活动铁心　　　　B．漏磁　　　　　　C．串联电抗器

7．ZX-500 型焊机是（　　）弧焊机。

A．逆变　　　　　　B．交流　　　　　　C．硅整流

8．BX3-300 型交流弧焊机属于（　　）式，电流范围是（　　）A。

A．动铁心；40 ~ 400　　　　　　　　　B．动圈；40 ~ 400

C．同体；100 ~ 300

9．焊机的接线和安装应由（　　）负责进行。

A．焊工本人　　　　B．电工　　　　　　C．以上选项均正确

10．当焊机没接负载时，焊接电流为零，此时输出端电压称为（　　）。

A．空载电压　　　　B．工作电压　　　　C．端电压

11．（　　）焊接电源最容易由自身磁场引起磁偏吹现象。

A．交流　　　　　　B．直流　　　　　　C．脉冲　　　　　　D．高频

12．焊机铭牌上负载持续率的作用是（　　）。

A．告诉电工如何安装

B．告诉焊工应该注意焊接电流和时间的关系

C．表示焊机极性

13．ZPG6-1000 中的 P 表示（　　）外特性。

A．平　　　　　　　B．下降　　　　　　C．上升

14．BX3-300 型焊机，当一次绕组、二次绕组之间的距离增大时，则焊接电流（　　）。

A．减小　　　　　　B．增大　　　　　　C．不变

15．BX-500 型弧焊变压器的（　　）电流为 500 A。

A．额定　　　　　　B．许用　　　　　　C．最大

16．用 E5015 型焊条焊接时应选用（　　）型弧焊电源。

A．ZX-400　　　　　B．BX3-300　　　　　C．BX1-300

17．在弧焊电源外特性曲线与电弧静特性曲线的交点上，弧焊电源的输出电压（　　）电弧电压。

A．大于　　　　　　B．等于　　　　　　C．小于

18．在弧焊电源外特性曲线与电弧静特性曲线的交点上，弧焊电源的输出电流（　　）焊接电流。

A．等于　　　　　　B．大于　　　　　　C．小于

19．（　　）能耗低。

A．弧焊发电机　　　B．弧焊逆变器　　　C．晶闸管弧焊整流器

20．（　　）是夹持焊条并传导电流以进行焊接的工具。

A．焊钳　　　　　　B．焊条保温筒　　　C．面罩

四、名词解释

1．弧焊电源外特性

2．空载电压

3．弧焊电源动特性

4．负载持续率

五、简答 / 计算题

1．为什么焊条电弧焊要采用具有下降外特性的电源？

2．焊接时，对弧焊电源的基本要求是什么？

3．解释弧焊电源型号 BX1-300、BX3-300、ZX5-400、ZX7-400 的含义。

4．什么是逆变？弧焊逆变器有什么特点？

5．什么是额定值？它有什么意义？

6．已知弧焊变压器 BX1–400 的额定负载持续率为 60%，如果弧焊电源的工作周期为 10 min，试计算此电源在一个周期内的负载时间。

7．某焊工在 10 min 内，除焊接产品外，清渣用了 3 min，换焊条用了 1 min，求此时焊机的负载持续率。

§ 4–3　焊条电弧焊焊接材料

一、填空题（将正确答案填在横线上）

1. 焊条由________和________组成。焊条前端药皮有 45° 左右的倒角，以便于__________，在尾部有一段裸焊芯，长为________________mm，便于__________________。

2．焊接专用钢丝用于制造焊条，就称为______________。用于埋弧焊、气体保护电弧焊、气焊等作为填充金属时，则称为__________________。

3．焊条药皮组成物按其在焊接过程中的作用可分为____________________________、________________、_________________、__________________、___________________、______________六大类。

4．焊条药皮中稳弧剂的作用是_____________________和_______________________，

常用的稳弧剂是______________________________。

5．造渣剂的作用是_______________和_______________。

6．焊条药皮中造气剂的主要作用是_______________、_________________________和_______________，造气剂有___________________和_______________两类。

7．使用E4315型碱性药皮焊条时必须采用直流电源，这是因为其药皮中含有___________________。

8．焊条型号E4303中的E表示_________，43表示___________________________，03表示____，这种焊条的牌号为_________。

9. E5015型焊条的药皮属于___________型，其主要成分是___________和__________，其电源应选用_______________。E5016型焊条的药皮属于_______________型，它是在E5015型焊条药皮基础上加入了____________________________________，故其既可用__________________电源，又可用_________________电源。

10．酸性焊条的力学性能比碱性焊条的力学性能要_________，酸性焊条的抗裂性能比碱性焊条的抗裂性能要___________。

11．焊接Q235钢时可选用型号为___________________的焊条，焊接20钢时可选用型号为____________________的焊条。

12．低碳钢、中碳钢和普通低合金钢是按母材的_______________来选用焊条的。

13．不锈钢、耐热钢等是按母材的___________________来选用焊条的。

14．焊条药皮由_____________、_____________、_____________及___________等原材料组成。

15．药皮中的脱氧剂在焊接过程中的主要作用是对_______和______________脱氧。

16．药皮中合金化元素的主要作用是向_______________中渗入必要的合金成分。

17．焊条按药皮熔化后的熔渣特性不同可分为_____________焊条和_____________焊条，其熔渣的主要成分可分为_______________氧化物和_____________氧化物。

18．焊接时因受条件限制，低碳钢坡口处的铁锈、油污、氧化皮等污物无法清理时，应选用_____________焊条。

19．酸性焊条烘干温度一般为_________℃，保温_________h；碱性焊条烘干温度为_________℃，保温_________h。焊条累计烘干次数一般不宜超过_______次。

二、判断题（正确的打“√”，错误的打“×”）

1．焊条电弧焊时，在整个焊缝金属中焊芯金属只占极少的一部分。（　　）

2．使用碱性焊条焊接时的烟尘比酸性焊条少。（　　）

3．焊条直径就是指焊芯直径。（　　）

4．萤石是作为稳弧剂加入焊条药皮中的，所以用含有萤石的焊条焊接时电弧特别稳定。（　　）

5．锰铁、硅铁在药皮中既可作脱氧剂，又可作合金化元素。（　　）

6．水玻璃除在药皮中起黏结剂作用外，还起到稳弧和造渣作用。（　　）

7．氧化铁型药皮焊条只适宜平焊及平角焊。（　　）

8. 交直流两用的焊条都是酸性焊条。（ ）

9. 焊条的型号就是焊条的牌号。（ ）

10. 酸性焊条对铁锈、水分、油污的敏感性小。（ ）

11. 焊接 Q235 钢与 Q355 钢时应选用 E5015 型焊条。（ ）

12. 在焊接结构刚度高、受力情况复杂时，可选用比母材强度低一级的焊条。（ ）

13. 对于塑性、韧性、抗裂性能要求较高的焊缝，宜选用碱性焊条来焊接。（ ）

14. 对于低碳钢、低合金钢，应根据母材的抗拉强度来选择相应强度等级的焊条。（ ）

15. 对于不锈钢、耐热钢，应根据母材的化学成分来选择相应的焊条。（ ）

16. 使用碱性药皮的焊条时，只能用直流电源。（ ）

17. 凡是可以使用交流电源的焊条都属于交直流两用焊条。（ ）

18. 酸性焊条药皮类型中使用较多的是钛型，碱性焊条药皮类型中使用的多是代号为 15 的碱性型。（ ）

19. E5015 是典型的碱性焊条。（ ）

20. E4303 是典型的酸性焊条。（ ）

21. E4303 焊条全位置焊接性能好。（ ）

22. E5015 焊条脱渣性不及 E4303 焊条。（ ）

23. 从保障焊工的身体健康出发，应尽量选用酸性焊条。（ ）

24. 碱性焊条工艺性能较差，故只能用于一般结构的焊接。（ ）

25. 焊条 E4303 中的 43 表示熔敷金属抗拉强度最大值为 430 MPa。（ ）

三、选择题（将正确答案的代号填入括号内）

1. 焊条的规格通常用（ ）来表示。

A. 长度　B. 颜色　C. 焊芯直径　D. 酸性及碱性

2. 焊芯中锰的作用是（ ）。

A. 减少热裂纹　B. 减少冷裂纹　C. 提高硬度

3. 在焊条药皮中大理石的作用是（ ）。

A. 稳弧剂　B. 造气剂　C. 造渣剂　D. 脱氧剂

4. 氧化铁型电焊条适用于（ ）。

A. 平焊　B. 立焊　C. 横焊　D. 仰焊

5. E5015 型焊条的焊缝熔敷金属抗拉强度最小值为（ ）MPa。

A. 500　B. 15　C. 5 015　D. 5

6. E5003 型焊条的药皮类型为（ ）。

A. 钛型　B. 碱性　C. 氧化铁型

7. 要求焊缝韧性高时，宜选用（ ）焊条。

A. 碱性　B. 酸性　C. 铁粉

8. 在没有直流电源的情况下，应选用（ ）型焊条。

A. E4315　B. E4303　C. E5015

9. 焊条电弧焊时，焊缝中焊芯金属占整个焊缝金属的（ ）。

A. 50% ~ 70%　　B. 70% ~ 100%　　C. 30% ~ 50%

10. 不同强度等级的低碳钢与低合金钢焊接时，应该按强度等级（　　）的钢材来选择相匹配的焊条。

A. 高　　B. 低　　C. 平均值

11. 碱性焊条的烘干温度为（　　）℃。

A. 350 ~ 450　　B. 75 ~ 150　　C. 200 ~ 300

12. 焊条累计烘干次数一般不宜超过（　　）次。

A. 3　　B. 2　　C. 4

13. E308-16 对应的焊条牌号是（　　）。

A. G202　　B. A102　　C. A302

14. J506 对应的焊条型号是（　　）。

A. E5015　　B. E5003　　C. E5016

四、名词解释

1. 焊芯

2. 药皮

3. 钛型药皮

4. 金红石型药皮

5. 碱性焊条

6. 酸性焊条

五、简答题

1．焊芯的作用是什么？

2．焊条药皮的作用是什么？

3．钛型药皮和碱性药皮各有什么特点？

4．选用焊条的基本原则是什么？

5．焊条药皮由哪些原料组成？按其在焊接过程中所起的作用不同通常分为哪几类？

6. 解释下列焊条型号或牌号的含义：E4315、E5003、E308-15、E6215-2C1MH10、J427、A132。

7. 碱性焊条和酸性焊条各有哪些优缺点？

8．焊条的储存、保管、使用应注意哪些问题？

§4-4　焊条电弧焊工艺

一、填空题（将正确答案填在横线上）

1．焊条电弧焊的焊接参数包括________、________、________、________、________等。

2．焊接立焊缝和仰焊缝时，电弧的长度应比焊接平焊缝时要________些；用碱性焊条焊接时，电弧长度比用酸性焊条焊接时要________些。

3．立焊有两种焊接方法，一种是________，另一种是________，目前使用最广泛的是________。

4．采用小的焊接热输入，如________焊接电流，________焊接速度等，都可以减小焊接热影响区的尺寸。

5．立焊所用焊条的直径最大不宜超过________mm，横焊、仰焊时焊条直径不宜超过________mm。

6．焊接电流的选择应考虑________、________、________、________、________和________等因素，其中主要的影响因素是________、________、________和________。

7．短弧是指电弧长度为焊条直径的________倍。

8．焊条电弧焊堆焊轴时，常采用________和________两种堆焊方法。

9．焊条直径大小的选择主要考虑________、________、________、________等因素。

10. E5015 型碱性药皮焊条稳弧性差，必须采用______________电源。

11. 正接就是焊件接电源______________、焊条接电源______________的接线法。

12. 相同直径的碱性焊条使用的焊接电流比酸性焊条要小____________，否则焊缝中易形成____________。

13. 相同直径的不锈钢焊条使用的焊接电流比碳钢焊条要小____________。

14. 焊接时，若焊接电流过小，则电弧吹力小，________________不易分清。

二、判断题（正确的打“√”，错误的打“×”）

1. 在相同板厚的情况下，焊接平焊缝用的焊条直径要比焊接立焊缝、仰焊缝、横焊缝用的焊条直径大。（　　）

2. 为了保证根部焊透，对多层焊的第一层焊道应采用大直径的焊条来焊接。（　　）

3. 定位焊由于只起装配和固定焊件的作用，因此可以选用质量较差的焊条。（　　）

4. 多层焊时，每层焊缝的厚度不宜过大，否则对焊缝金属的塑性不利。（　　）

5. 由焊接电流与焊条直径的关系可知，焊条直径越大，要求焊接电流也越大。（　　）

6. 焊接电流过大，熔渣和铁液不易分清。（　　）

7. 铁粉焊条由于加入了铁粉，使焊条具有较好的导电、导热性能，故可采用较大的焊接电流。（　　）

8. 采用小的焊接热输入可以减小热影响区宽度。（　　）

9. 多层堆焊时，第二层焊道的堆焊方向应与第一层焊道互成 90°。（　　）

10. 通常，立焊、横焊的焊接电流比平焊的焊接电流小 10% ~ 15%，仰焊的焊接电流比平焊的焊接电流小 15% ~ 20%。（　　）

11. 焊条电弧焊采用多层多道焊，有利于提高焊缝金属的塑性和韧性。（　　）

12. 厚度较大的焊件应选用直径较粗的焊条。（　　）

13. 焊条电弧焊的电弧电压主要由焊条直径来决定。（　　）

14. 用焊条电弧焊多层焊时，第一层焊道常使用较小的焊接电流，焊接填充层常使用较大的焊接电流，焊接盖面层使用的焊接电流比填充层略小。（　　）

15. 用焊条电弧焊多层焊时，第一层焊道选用直径较粗的焊条，以后各层应根据焊件厚度选用直径较小的焊条。（　　）

16. 采用碱性药皮焊条焊接时，焊条接直流电源的负极。（　　）

17. 焊条电弧焊时，为保持一定的弧长，焊接速度应等于焊条熔化速度。（　　）

18. 焊条电弧焊时应尽量采用长弧焊接，因为长弧焊时电弧的范围大，保护效果好。（　　）

三、选择题（将正确答案的代号填入括号内）

1. 电弧长短对焊缝质量有很大影响，施焊时，应注意采用（　　），以保证焊接质量。

A. 长弧　　B. 短弧

2. 焊条电弧焊选择焊条直径大小时，应考虑（　　）。

A. 板厚　　B. 接头形式　　C. 焊缝位置　　D. 焊接层次

3. 焊条电弧焊堆焊时，第二层焊道的堆焊方向与第一层焊道应互成（　　）。

A．45°　　B．90°　　C．130°

4．从防止过热组织和细化晶粒来考虑，应（　　）。

A．减小焊接电流　　B．减小焊接速度　　C．增大弧长

5．低氢型焊条采用直流电源是为了（　　）。

A．减小焊接变形　　B．提高焊接速度

C．保持电弧稳定　　D．减少磁偏吹

6．（　　）位置焊接可选用较大的焊条直径。

A．平焊　　B．立焊　　C．横焊　　D．仰焊

7．焊接电流主要影响焊缝的（　　）。

A．熔深　　B．余高　　C．宽度

8．焊接过程中碱性焊条的弧长应（　　）酸性焊条的弧长。

A．大于　　B．等于　　C．小于

9．（　　）取决于电弧长度。

A．电弧电压　　B．焊接电流　　C．焊条直径

10．焊条电弧焊采用（　　）措施，可以减少气孔的产生。

A．增加电弧长度　　B．严格烘干焊条　　C．增大焊接速度

四、名词解释

1．电源正接

2．电源反接

3．堆焊

五、简答题

1．焊条电弧焊的焊接参数主要有哪些？

2．焊条电弧焊时，电弧过长会出现哪些不良现象？

3．焊接电流大小对焊接质量有什么影响？焊条电弧焊时，如何选择和判断焊接电流？

4．E5015 型碱性药皮焊条为什么要采用直流反接？

5．焊接时如何选择焊条直径大小？

6．焊条电弧焊堆焊的特点是什么？堆焊时有哪些工艺特点？

第五章　金属熔焊过程

§5-1　焊条、焊丝及母材的熔化

一、填空题（将正确答案填在横线上）

1．不同的焊接方法其热源不同，电弧焊是利用＿＿＿＿＿＿作热源的，气焊是利用＿＿＿＿＿＿作热源的，电渣焊是利用＿＿＿＿＿＿作热源的，等离子弧焊是利用＿＿＿＿＿＿作热源的。

2．熔化极电弧焊时，加热并熔化焊条（焊丝）的主要热量是＿＿＿＿＿和＿＿＿＿＿，其中＿＿＿＿＿＿起主要作用。

3．金属熔滴向熔池过渡的形式大致可分为＿＿＿＿＿＿＿、＿＿＿＿＿＿＿和＿＿＿＿＿＿三种。

4．电弧焊时，作用在熔滴上的作用力有＿＿＿＿＿＿＿、＿＿＿＿＿＿＿、＿＿＿＿＿＿、＿＿＿＿＿＿＿、＿＿＿＿＿＿＿。

5．立焊、横焊、仰焊时，促使熔滴过渡的力有＿＿＿＿＿＿、＿＿＿＿＿＿＿和＿＿＿＿＿。

6．母材上由熔化的焊条、焊丝金属与母材金属所组成的具有一定＿＿＿＿＿＿的液态金属称为＿＿＿＿，其形状像一个不标准的＿＿＿＿＿＿。

7．平焊时，促使熔滴过渡的力有＿＿＿＿＿＿、＿＿＿＿＿＿和＿＿＿＿＿。

8．在任何焊接位置都是阻碍熔滴过渡的力是＿＿＿＿＿＿。

9．在任何焊接位置都促使熔滴过渡的力是＿＿＿＿＿＿＿＿＿＿＿＿＿＿＿。

10．＿＿＿＿＿＿过渡是熔化极氩弧焊、富氩混合气体保护焊所采用的熔滴过渡形式。

11．二氧化碳气体保护电弧焊采用的最典型的过渡形式是＿＿＿＿＿；＿＿＿＿＿是焊条电弧焊和埋弧焊所采用的熔滴过渡形式。

二、判断题（正确的打“√”，错误的打“×”）

1．电弧焊时，电弧产生的热量全部被用来熔化焊条（焊丝）和母材。（　　）

2．熔化极电弧焊时，熔化焊条（焊丝）的主要热量是焊接电流通过焊条（焊丝）时所产生的电阻热。（　　）

3．在任何焊接位置，电磁压缩力都是促使熔滴向熔池过渡的。（　　）

4．电弧气体的吹力总是有利于熔滴金属的过渡。（　　）

5．斑点压力是阻碍熔滴过渡的力。（　　）

6．采用小电流焊接的同时，降低电弧电压，熔滴会出现短路过渡形式。（　　）

7．熔滴的重力在任何焊接位置都会促使熔滴向熔池过渡。（　　）

8．焊丝的伸出长度越长，则电阻热越小。（　　）

9．表面张力有利于平焊位置的熔滴过渡。（　　）

10．焊条（焊丝）的直径越粗，所产生的电阻热越大。（　　）

11．同直径的不锈钢焊条的长度比碳钢焊条长度要短。（　　）

12．“熔滴细，过渡频率高，熔滴沿焊丝的轴向高速向熔池运动”是喷射过渡的特点。（　　）

三、选择题（将正确答案的代号填入括号内）

1．焊接时，使焊条药皮发红的热量是（　　）。

A．电阻热　B．电弧热　C．化学热

2．电弧焊过程中，熔化母材的热量主要是（　　）。

A．电阻热　B．电弧热　C．化学热

3．立焊、仰焊时，促使熔滴过渡的力是（　　）。

A．重力　B．斑点压力　C．电磁压缩力

4．焊条电弧焊的热源是（　　）。

A．电弧热　B．电阻热　C．气体火焰　D．激光束

5．电渣焊的热源是（　　）。

A．电弧热　B．电阻热　C．气体火焰　D．等离子弧

四、名词解释

1．熔滴过渡

2．喷射过渡

3．滴状过渡

4．短路过渡

五、简答题

1．钢材熔焊时一般经过哪些过程？这些过程可归纳为哪三个阶段？

2．什么是熔滴过渡？其形式有哪些？

3．熔滴过渡的作用力有哪些？它们在焊接过程中的作用如何？

§5-2　焊接化学冶金过程

一、填空题（将正确答案填在横线上）

1．焊缝金属中的有害元素主要是________、________、________、________、_________，它们严重影响焊缝质量，因此，焊接中必须对其进行控制。

2．焊接区的氧主要来自________________________________，____________________，____________________________________，____________________________。

3．焊接区中的氮主要来自________________，控制其含量的主要措施是____。

4．焊接区中的氢主要来自______________________________，____________________________，____________，______________________________。

5．控制焊缝金属中含硫量和含磷量的主要措施是______________________________。

6．焊缝成形系数越小，形成热裂纹的倾向________________。

7．焊缝金属的脱氧主要有三个途径，即______________、______________和______________。

8．在焊接过程中脱硫的主要方法有________________和________________两种。前者最常用的脱硫元素是____________；后者最常用的脱硫物质是____________、________________和________________。

9．硫在低碳钢中主要以____________和____________形式存在。前者虽然能无限地溶解于液态铁中，而在固态铁中的溶解度很小，因此，在熔池凝固时FeS析出，并与α-Fe、FeO等形成______________，产生热裂纹。后者在液态铁中的溶解度极小，且易排入熔渣，即使不能排走而留在焊缝中，也由于它熔点高，并呈______________状分布，故不易开裂。

10．焊缝金属中的磷以____________和____________的形式存在，该磷化物能与铁形成________________，聚集于晶界，易产生__________裂纹。此外，这些低熔点共晶削弱了晶粒间的结合力，增加了焊缝金属的____________，造成__________。

11．在焊接熔池中脱磷的措施可分为两步，第一步是____________________，第二步是____。

12．进行焊条电弧焊时，焊缝金属合金化的方式有两种，一是____；二是____。

二、判断题（正确的打“√”，错误的打“×”）

1．气体在电弧的高温下之所以会分解，是由于这些分解反应都是放热反应。（　）

2．由于硅、锰的脱氧效果不如钛、铝，因此焊接常用的脱氧剂是钛和铝。（　）

3．E4303型焊条的脱硫效果比E5015型焊条好。（　）

4．E5015型焊条的脱磷效果比E4303型焊条好。（　）

5．酸性焊条主要采用脱氧剂脱氧，碱性焊条主要采用扩散脱氧。（　）

6．扩散脱氧主要依靠熔渣中的碱性氧化物，如CaO等。（　）

7．沉淀脱氧主要是脱去熔池中的FeO。（　）

8．FeO具有脱磷作用。（　）

9．碱性熔渣脱硫、脱磷的效果比酸性熔渣好。（　）

10．焊缝金属渗合金的目的之一是可以获得具有特殊性能的堆焊金属。（　）

11．清除焊件表面的铁锈、油污等，其目的是提高焊缝金属的强度。（　）

12．焊条电弧焊时，采用短弧可减少气孔的产生。（　）

13．适当增加电弧气氛中的氧化性能减少氢气孔的产生。（　）

14．由于Ti、Si对氧化物的亲和力比Mn对氧的亲和力大，因此在酸性焊条中常用Ti、Si来脱氧，而不用Mn来脱氧。（　）

15．焊缝中的氮会降低焊缝的塑性和韧性，但可以提高焊缝的强度。（　　）

16．空气中的氮气几乎是焊缝中氮的唯一来源。（　　）

17．氢是产生冷裂纹的因素之一。（　　）

18．埋弧焊的保护方式是熔渣保护。（　　）

三、选择题（将正确答案的代号填入括号内）

1．控制焊缝含氢量的目的是防止产生（　　）和（　　）缺欠。

A．冷裂纹　　B．热裂纹　　C．再热裂纹

D．气孔　　E．夹渣

2．先期脱氧主要是脱去（　　）的氧。

A．熔液　　B．熔池　　C．药皮

3．酸性焊条主要采用的脱氧剂有（　　）。

A．锰铁　　B．钛铁　　C．铝

4．熔渣中同时具有脱硫、脱磷效果的成分是（　　）。

A．CaO　　B．CaF_2　　C．TiO_2

5．焊接区内气体的分解对焊缝质量起着（　　）。

A．有利影响　　B．不利影响　　C．积极影响

6．硫在钢中常以 MnS 和 FeS 形式存在，MnS 易溶于熔渣中，FeS 能溶于熔池金属中，因此是产生（　　）的原因之一。

A．热裂纹　　B．冷裂纹　　C．再热裂纹　　D．层状撕裂

7．碱性焊条通常以（　　）方式达到脱氧的目的。

A．先期脱氧　　B．沉淀脱氧　　C．扩散脱氧

8．电源种类和极性对气孔形成的影响是（　　）最易产生气孔。

A．直流正接　　B．直流反接　　C．交流电源

9．控制焊缝中含氮量的主要措施是（　　）。

A．增加药皮中的合金元素　　B．减少药皮中的合金元素

C．加强对焊接区的保护

10．脱氧剂在焊接温度下对氧的亲和力应比被焊金属对氧的亲和力（　　）。

A．大　　B．小　　C．差不多

四、名词解释

1．焊接化学冶金过程

2．先期脱氧

3．沉淀脱氧

4．扩散脱氧

5．焊缝金属合金化

五、简答题

1．焊接化学冶金过程的特点是什么？

2．焊缝中氧的来源有哪些？对焊接质量有什么影响？

3. 焊缝中氢的来源有哪些？对焊接质量有什么影响？

4. 焊缝中氮的来源有哪些？对焊接质量有什么影响？

5. 焊缝金属脱氧的途径有哪些？酸性焊条和碱性焊条各采用什么途径脱氧？

6. 选择脱氧剂的原则是什么？

7．硫在焊缝金属中有什么危害？酸性焊条和碱性焊条各采用什么方法脱硫？

8．磷在焊缝金属中有什么危害？可采用什么方法脱磷？

9．焊缝金属合金化的目的是什么？其方式有哪些？

§5-3 焊缝结晶过程

一、填空题（将正确答案填在横线上）

1. 焊接熔池的一次结晶包括________和________两个基本过程。

2. 焊缝金属从熔池中高温的液体状态冷却至常温的固体状态经历了两次结晶过程，它们是________和________。

3. 一般低碳钢焊缝的常温组织是________加________。

4. 焊接中的偏析主要有________、________和________三种。

5. 焊缝中的夹杂物主要有________和________两种。

6. 焊缝金属中________分布不均匀的现象称为偏析。

7. 焊缝金属由________转变为________的凝固过程称为焊缝金属的一次结晶。

8. 在一个柱状晶粒________和晶粒________的化学成分分布不均匀现象称为显微偏析。

二、判断题（正确的打“√”，错误的打“×”）

1. 熔焊时，焊缝的组织是柱状晶。（　　）

2. 焊接熔池一次结晶时，晶体的成长方向总是与散热方向一致。（　　）

3. 气孔、夹杂、偏析等缺欠大多是在焊缝金属的二次结晶时产生的。（　　）

4. 延迟裂纹是在焊接熔池一次结晶时产生的。（　　）

5. 低碳钢焊缝金属冷却速度越快，则硬度越高，这是因为组织中珠光体含量增加的结果。（　　）

6. 合金钢由于合金元素较多，焊接时焊缝中的显微偏析不严重。（　　）

7. 焊缝中心形成的热裂纹往往是区域偏析的结果。（　　）

8. 焊缝的偏析是指焊缝宽窄不一、高低不平。（　　）

三、选择题（将正确答案的代号填入括号内）

1.（　　）的焊缝极易形成热裂纹。

A．宽而浅　　B．窄而深　　C．窄而浅　　D．宽而深

2. 焊缝中心的杂质往往比周围多，这种现象称为（　　）。

A．层状偏析　　B．区域偏析　　C．晶间偏析

3. 提高焊缝成形系数，可以防止产生（　　）。

A．气孔　　B．裂纹　　C．未焊透　　D．夹渣

4. 焊接熔池的金属由液态转变为固态的过程称为焊接熔池的（　　）。

A．一次结晶　　B．二次结晶　　C．三次结晶

5. 焊缝中的偏析、夹杂、气孔等是在焊接熔池（　　）过程中产生的。

A．一次结晶　　B．二次结晶　　C．三次结晶

6. 低碳钢焊缝二次结晶后的组织是（　　）。

A．F+A　　B．F+P　　C．Fe_3C+P　　D．Fe_3C+A

7．焊缝金属化学成分的不均匀现象叫作（　　）。

A．夹杂　　B．夹渣　　C．偏析　　D．过烧

四、名词解释

1．一次结晶

2．二次结晶

3．偏析

4．显微偏析

五、简答题

1．简述焊缝一次结晶过程。

2．什么是夹杂物？主要有哪几种？各有什么危害？

§5-4　熔合区及焊接热影响区

一、填空题（将正确答案填在横线上）

1．焊接热循环的主要参数是__________、__________________、__________________________和____________。

2．不易淬火钢的焊接热影响区可分为_______________、_______________、____________和_______________四个区域。

3．相变重结晶区的温度范围在__________之间，它的组织是__________，由于该区室温组织相当于热处理的正火组织，故该区又称为____________。

4．低碳钢的不完全重结晶区处在______________温度范围内，只有部分组织发生了相变重结晶过程，故该区的组织是________________。

5．过热区的加热温度范围是________________________________，是焊接热影响区中性能__________的区域。

6．熔合区是焊接接头中焊缝向热影响区____________的区域，是焊接接头中性能_________的区域。

7．在焊接热源作用下，焊件上某点的________随________变化的过程称为焊接热循环。

8．焊接热影响区是指在焊接过程中，母材因受__________影响（但未熔化）而发生_________和_________变化的区域。

9．焊接热影响区宽度的大小取决于__________、__________、___________、______________________、_________等因素。

二、判断题（正确的打“√”，错误的打“×”）

1．焊缝两侧距离相同的各点其焊接热循环是相同的。（　　）

2．对于不易淬火钢热影响区中的部分相变区，由于部分组织发生变化，因此是整个热影响区中综合性能最好的一个区域。（　　）

3．对于焊前未经塑性变形的母材，焊后热影响区中会出现再结晶区。（　　）

4．低碳钢热影响区中加热温度为 Ac_1 ~ 1 000℃的区域叫作正火区。（　　）

5．焊条电弧焊时，选用优质焊条不但能提高焊缝金属的质量，同时能改善热影响区的组织。（　　）

6．低碳钢焊接接头正火区的组织在室温时为奥氏体加珠光体。（　　）

三、选择题（将正确答案的代号填入括号内）

1．低碳钢焊接热影响区性能最好的一个区域是（　　）。

A．熔合区　　B．过热区

C．正火区　　D．不完全重结晶区

2．下面几种焊接方法中，焊接热影响区宽度最大的是（　　）。

A．焊条电弧焊　　B．埋弧焊　　C．气焊

3．在焊接热源作用下，焊件上某点的温度随时间变化的过程称为（　　）。

A．焊接热循环　　B．偏析　　C．焊接化学冶金

4．热影响区性能最差的焊接方法是（　　）。

A．焊条电弧焊　　B．埋弧焊　　C．气焊

5．不易淬火钢的（　　）区是热影响区中的薄弱区域。

A．再结晶　　B．过热　　C．正火　　D．不完全重结晶

四、名词解释

1．熔合区

2．焊接热影响区

3．焊接热循环

五、简答题

1．熔合区有什么特点？

2. 焊接热循环的主要特点是什么？其主要参数有哪些？

3. 简述低碳钢等不易淬火钢焊接热影响区的组织和性能。

§5-5 控制及改善焊接接头性能的方法

一、填空题（将正确答案填在横线上）

1. 熔焊时，被熔化的母材在______________中所占有的百分比称为熔合比。

2. 在生产中，常常通过调节焊接______________来控制熔合比，______________越大，熔合比越＿＿＿＿＿＿。

3．焊接热输入越大，高温停留时间＿＿＿＿＿＿，焊接热影响区＿＿＿＿＿＿，过热现象＿＿＿＿，晶粒也＿＿＿＿，因而塑性和韧性严重降低。

二、判断题（正确的打“√”，错误的打“×”）

1．焊接热输入越大，焊接热影响区宽度越小。（　　）

2．焊接热影响区宽度大小与焊接参数无关。（　　）

3．焊接时，焊接热影响区宽度越大越好。（　　）

4．焊接奥氏体不锈钢时形成奥氏体加铁素体双相组织，可防止焊缝产生热裂纹。（　　）

5．坡口角度越大，熔合比越小；不开坡口时，熔合比最大。（　　）

6．若母材中碳、硫、磷的含量较多时，应增大熔合比，以减少焊缝中碳、硫、磷的含量。（　　）

7．焊接材料与母材不同的匹配不仅会影响焊缝金属的化学成分和性能，而且也影响热影响区的组织和性能。（　　）

三、选择题（将正确答案的代号填入括号内）

1．熔焊时，被熔化的母材在焊缝金属中所占的百分比称为（　　）。

A．熔合比　　B．合金元素过渡系数

C．焊接热输入

2．焊接接头性能最好的焊接方法是（　　）。

A．气焊　　B．埋弧焊

C．焊条电弧焊　　D．手工钨极氩弧焊

3．开坡口可以使熔合比（　　）。

A．增大　　B．减小　　C．不变

四、简答题

1．控制和改善焊接接头性能的方法有哪些?

2. 简述焊接热输入对焊接接头性能的影响。

3. 什么是熔合比？焊接生产中如何控制熔合比？

第六章　焊接应力与变形

§6-1　焊接应力和变形的形成

一、填空题（将正确答案填在横线上）

1．在焊接不均匀加热和冷却过程中所产生的不均匀塑性变形，是产生＿＿＿＿＿＿和＿＿＿＿＿＿的主要原因。

2．焊缝在钢板中间的纵向焊接应力使焊缝及其附近产生＿＿＿＿＿＿＿＿＿＿，钢板两侧产生＿＿＿＿＿＿＿＿＿。

3．通常所说的焊接应力与焊接变形是指＿＿＿＿＿＿和＿＿＿＿＿＿＿。

4．物体在受到＿＿＿＿＿的作用时，会出现＿＿＿＿＿＿、＿＿＿＿＿＿的变化，称为物体的变形。若在＿＿＿＿＿去除后，＿＿＿＿＿＿＿＿＿＿＿不能恢复，这种变形称为＿＿＿＿＿＿变形。

5．焊件由焊接产生的变形称为＿＿＿＿＿变形；焊后焊件＿＿＿＿＿的变形称为焊接残余变形。

6．焊接构件由＿＿＿＿＿而产生的内应力称为焊接应力，焊后残留在焊件内的焊接应力称为焊接＿＿＿＿＿应力。

7．焊接变形和焊接应力是互相联系的，当焊件拘束较小时，焊接变形＿＿＿＿＿＿＿，而焊接应力却＿＿＿＿＿＿＿＿＿＿。

二、判断题（正确的打“√”，错误的打“×”）

1．焊接变形和应力在焊接时必然要产生，是无法避免的。（　　）

2．电弧焊时产生应力和变形的根本原因是电弧的高温对焊件局部加热的结果。（　　）

3．如果焊件焊接过程中产生的压应力大于材料的屈服强度，则焊后就不会产生焊接残余应力和残余变形。（　　）

4．焊件上的残余应力都是压应力。（　　）

5．在焊接过程中，若焊件能自由收缩，则焊后焊接变形较大，而焊接应力较小。（　　）

6．塑性变形是指外力去除后，物体能恢复到原来的形状和尺寸的变形。（　　）

三、选择题（将正确答案的代号填入括号内）

1．物体内部（　　）称为应力。

A．单位截面积上所受的内力　　B．所受到的力

C．截面积上所受的内力

2．钢板中间加热再冷却后，钢板中产生的应力是（　　）。

A．拉应力　　B．压应力　　C．扭应力

3．焊接应力与变形产生的主要原因是（　　）。

A．焊件不均匀加热和冷却

B．焊接热影响区组织发生变化

C．焊件均匀加热和冷却

4．（　　），则焊后产生的焊接应力最大。

A．加热时焊件能自由膨胀，冷却时焊件能自由收缩

B．加热时焊件不能自由膨胀，冷却时焊件能自由收缩

C．加热时焊件不能自由膨胀，冷却时焊件不能自由收缩

5．（　　），则焊后产生的焊接变形最大。

A．加热时焊件能自由膨胀，冷却时焊件能自由收缩

B．加热时焊件不能自由膨胀，冷却时焊件能自由收缩

C．加热时焊件不能自由膨胀，冷却时焊件不能自由收缩

四、名词解释

1．焊接应力

2．焊接残余应力

3．焊接变形

4．焊接残余变形

五、简答题

1．以钢板对接焊为例，分析焊接变形与焊接应力产生的过程。

2．焊接变形与焊接应力产生的根本原因是什么？它们对焊接结构有什么影响？

§6-2 焊接残余变形

一、填空题（将正确答案填在横线上）

1．焊接残余变形按其特征不同可分为__________、__________、__________、__________、__________和__________6种基本形式。

2．焊接残余变形按其对焊接结构的影响程度不同可分为__________和__________两类。

3．产生角变形的原因是____________________。

4．反变形法主要用来控制焊件的__________变形和__________变形。

5．构件焊后在焊缝方向上发生的收缩叫作__________，在垂直焊缝方向上发生的收缩叫作__________。

6．薄板发生波浪变形的原因是____和____。

7．矫正焊接残余变形的方法有________________和________________两大类。

8．根据加热区形状的不同，火焰矫正法的加热方式有________________________、________________、________________三种。

9．焊接热输入越大，则焊接残余变形就越____________。

10．焊条电弧焊构件的焊缝收缩规律可总结为以下几条：

（1）线膨胀系数大的构件，焊后焊缝收缩量____________。

（2）焊缝的纵向收缩量随着焊缝长度的增加而__________。

（3）断续焊缝比连续焊缝的收缩量____________。

（4）多层焊时，第一层引起的收缩量__________；以后随层数的增加，收缩量迅速____________。

11．弯曲变形常见于焊接______________、______________、______________等焊件，其大小是以__________来度量的。

12．对于低碳钢和低合金结构钢构件，用火焰矫正焊接变形时，其加热温度为____________℃。

13．由于不锈钢的__________比低碳钢大，故焊后的残余变形也比低碳钢大。

14．刚度是指____，金属结构的刚度主要取决于结构的截面____________和____________。

15．刚性固定法可减少焊件的______________，但会使金属焊接接头中产生较大的______________。

16．板材对接焊时，坡口角度越大，则产生的横向收缩量______________。

17．焊缝在焊件中不对称布置时容易引起______________变形。

18．控制焊接变形的散热法又称____________法，它不适用于具有____________倾向的钢材。

二、判断题（正确的打“√”，错误的打“×”）

1．对于厚度较大、刚度较高的焊件的弯曲变形，可以利用三角形加热来矫正其焊接残余变形。（　　）

2．淬火钢可用散热法来减少焊接残余变形。（　　）

3．焊件的纵向收缩和横向收缩在焊接过程中是同时产生的。（　　）

4．焊缝越长，其纵向收缩的变形量越大。（　　）

5．焊件越厚，其横向收缩的变形量越小。（　　）

6．弯曲变形的大小是以弯曲的角度来度量的。（　　）

7．如果焊缝对称于焊件的中性轴，则焊后焊件会产生弯曲变形。（　　）

8．如果焊缝在焊件的中性轴上，则焊后焊件会产生弯曲变形。（　　）

9．提高结构的刚度，则焊接残余变形增大。（　　）

10．在厚度和焊接条件相同的情况下，双V形坡口的变形比V形坡口小。（　　）

11．在厚度和焊接条件相同的情况下，U形坡口的变形比V形坡口小。（　　）

12. 板越厚，坡口角度越大，横向收缩量越大。（ ）

13. 在同样厚度的情况下，单层焊比多层焊产生的焊接变形小。（ ）

14. 由于不锈钢的线膨胀系数比低碳钢大，因此焊后的残余变形也比低碳钢大。（ ）

15. 焊缝不对称时，应先焊焊缝少的一侧，以减少弯曲变形。（ ）

16. 适当减小焊缝尺寸有利于减少焊接残余变形。（ ）

17. 若焊前装配不良，在焊接过程中会产生错边变形。（ ）

18. 扭曲变形是由于焊件装配不良、施焊顺序或方向不当等原因引起的。（ ）

19. 对于长焊缝的焊接采用分段退焊法的目的是减少变形。（ ）

20. 火焰矫正法只适用于淬硬倾向较大的钢材。（ ）

21. 用火焰矫正法矫正焊接变形时，其加热部位应是变形处的缩短部分。（ ）

22. 火焰矫正法是用气体火焰，以不均匀加热方式引起结构变形来矫正原有变形的一种方法。（ ）

23. 焊件焊后的纵向和横向收缩变形可以通过预留收缩余量来进行控制。（ ）

24. 火焰矫正变形时一般采用中性焰。（ ）

25. 采用对称的焊接方法可以减少焊件的波浪变形。（ ）

26. 焊接电流越大，焊接变形越小。（ ）

27. 火焰矫正加热温度越高，则矫正变形的效果越好，所以利用火焰加热矫正时，加热的温度越高越好。（ ）

28. 生产中常采用整体装配后再进行焊接的方法来减少焊接变形。（ ）

三、选择题（将正确答案的代号填入括号内）

1. 分段退焊法可以（ ）。

A. 减少焊接变形　B. 减小应力　C. 降低硬度　D. 提高冲击韧度

2. 散热法主要用来减少结构焊后的（ ）。

A. 变形　B. 应力　C. 硬度　D. 未焊透

3. 薄板波浪变形的火焰矫正通常采用（ ）。

A. 点状加热　B. 线状加热　C. 三角形加热

4. 工件焊后产生角变形的原因是（ ）。

A. 沿焊缝长度方向上的纵向收缩不均匀　B. 沿焊缝横截面上的横向收缩不均匀

C. 扭曲变形

5. 焊缝离断面中性轴越远，则（ ）越大。

A. 弯曲变形　B. 角变形　C. 扭曲变形

6. 焊缝不在构件的中性轴上，构件焊后易产生（ ）。

A. 弯曲变形　B. 角变形　C. 扭曲变形

7. 用强制手段减少焊接变形的方法称为（ ）。

A. 刚性固定法　B. 反变形法　C. 预热法

8. 焊接变形的种类虽多，但基本上都是由于（ ）引起的。

A．焊缝的纵向收缩或横向收缩

B．角变形　　　　　　C．弯曲变形

9．为了减少焊件的焊接残余变形，选择合理顺序的原则之一是（　　）。

A．对称焊　　　　　　B．先焊收缩量最大的焊缝

C．尽可能使焊缝自由收缩

10．多层焊时，第一层引起的收缩量比其他层引起的收缩量（　　）。

A．大　　　　　　B．小　　　　　　C．相同

11．焊接梁、柱、管道等长焊缝时常会产生（　　）变形。

A．角　　　　　　B．弯曲　　　　　　C．纵向收缩

12．断续焊缝产生的焊接变形（　　）连续焊缝产生的焊接变形。

A．大于　　　　　　B．小于　　　　　　C．等于

13．焊缝的纵向收缩量随（　　）和（　　）的增大而增大。

A．焊缝宽度　　　　　　B．焊缝长度　　　　　　C．母材线膨胀系数

14．焊缝截面上下宽度不一致，造成横向收缩上下不均匀，会产生（　　）变形。

A．弯曲　　　　　　B．角　　　　　　C．扭曲

四、名词解释

1．收缩变形

2．反变形法

3．刚性固定法

4．刚度

5．角变形

6．机械矫正法

7．火焰矫正法

五、简答题

1．焊接残余变形有哪六种基本变形形式？

2．影响焊接结构残余变形的因素有哪些？

3．控制焊接残余变形的措施是什么？

4．机械矫正法的原理是什么？其适用范围如何？

5．火焰矫正法的原理是什么？其加热方式有哪些？

6．如何采用合理的装配焊接顺序来控制焊接变形？

7．什么是散热法？其适用范围如何？

8．在下图所示的焊接结构中，应如何选择焊接顺序以防止焊后的弯曲变形？

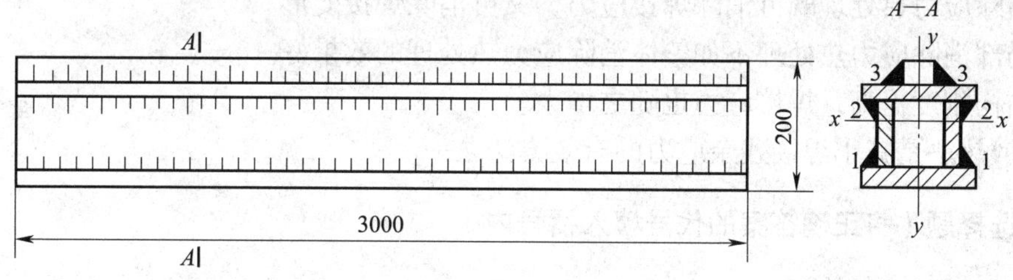

§6-3 焊接残余应力

一、填空题（将正确答案填在横线上）

1. 焊接残余应力按引起的基本原因可分为______________、____________和____________三类。

2. 焊接残余应力按其作用方向可分为__________________和__________________两类。

3. 焊接残余应力按其在空间的方向不同可分为__________、_________和__________三类。

4. 尽可能让焊缝自由收缩，是减小__________________的重要措施。

5. 加热减应区法的减应区应选在______________焊接区自由收缩的部位。

6. 消除应力退火有____________________和____________________两种。

7. 焊接时采用小的焊接热输入，可以____________焊接残余应力。

二、判断题（正确的打“√”，错误的打“×”）

1. 为了减小应力，应先焊结构中收缩量最小的焊缝。（　　）
2. 普通低合金结构钢常用预热法来减小焊后的残余应力。（　　）
3. 焊件在焊接过程中产生的应力叫作焊接残余应力。（　　）
4. 振动时效工艺是消除焊接残余变形的一种有效方法。（　　）
5. 焊后锤击焊缝产生塑性变形的目的是改善焊缝金属的力学性能。（　　）
6. 采用刚性固定法后，焊件就不会产生焊接残余应力和残余变形了。（　　）
7. 消除应力热处理既可消除焊接应力，又可消除焊接变形。（　　）
8. 局部消除应力热处理不如整体消除应力热处理的效果好。（　　）
9. 结构刚度提高，焊接应力也随之增大。（　　）
10. 散热法是减小焊接残余应力的有效方法之一。（　　）

三、选择题（将正确答案的代号填入括号内）

1. 薄板对接焊缝产生的应力是（　　）。
   A. 单向应力　　B. 双向应力　　C. 三向应力
2. 一般来说，焊接残余应力和焊接残余变形的关系是（　　）。
   A. 焊接变形小则焊接应力大　　B. 焊接变形小则焊接应力小
   C. 焊接变形大则焊接应力大
3. 在焊接过程中，锤击焊缝是为了减少焊缝的（　　）。
   A. 纵向变形　　B. 角变形　　C. 焊接应力
4. 焊接应力方向平行于焊缝轴线的称为（　　），垂直于焊缝轴线的称为（　　）。
   A. 纵向应力　　B. 横向应力

5．为了减小焊接应力，合理的工艺措施是（　　）。

A．反变形法　　B．刚性夹紧　　C．尽可能使焊缝自由收缩

6．加热减应区法主要是为了减小焊件焊后的（　　）。

A．焊接变形　　B．焊接应力　　C．焊缝硬度

7．焊后消除应力热处理常采用的方法是（　　）。

A．淬火　　B．退火　　C．时效

8．焊前预热能够（　　）。

A．减小焊接应力　　B．增大焊接应力　　C．减小焊接变形

9．减小焊件焊接应力的工艺措施之一是（　　）。

A．组装时强力装配，以保证焊件对正

B．焊后快速冷却

C．焊前整体预热

10．有利于减小焊件焊接应力的措施有（　　）。

A．锤击焊缝　　B．采用较大的热输入　　C．采用高强度焊条

四、名词解释

1．热应力

2．相变应力

3．拘束应力

4．横向应力

5．加热减应区法

五、简答题

1．怎样采用合理的焊接顺序来控制焊接应力？

2．防止和减小焊接应力的工艺措施有哪些？

3．消除焊接残余应力的方法有哪些？

4．应怎样选择减应区？试举例说明。

5．什么是振动时效工艺？其原理是什么？有什么特点？

6．什么是预热法？其减小焊接应力的原理是什么？

第七章 埋 弧 焊

§7-1 埋弧焊的原理及特点

一、填空题（将正确答案填在横线上）

1．埋弧焊是指__________在颗粒状焊剂层下燃烧的一种焊接方法，是一种以__________为热源的高效的__________焊接方法。

2．埋弧焊主要适用于__________、__________、__________等材料的焊接，一般只适用于__________位置焊接。

3．当埋弧焊的电弧长度发生变化时，为了恢复到原来的弧长，可通过两种途径来实现，一是调节焊丝的__________，二是调节焊丝的__________。

4．埋弧焊的优点是__________、__________、__________、__________和__________。

5．埋弧焊时，电弧长度由__________和__________决定。

二、判断题（正确的打“√”，错误的打“×”）

1．埋弧焊采用渣保护。（ ）

2．由于埋弧焊焊丝通常处于竖直位置，因此不能进行环缝焊接。（ ）

3．埋弧焊由于焊接电流大，又要熔化焊剂，因此电能浪费大。（ ）

4．埋弧焊可以进行全位置焊接。（ ）

5．埋弧焊由于焊接结构复杂，只能用来焊接对接焊缝，对于角焊缝无能为力。（ ）

6．埋弧焊与焊条电弧焊一样都是靠人工调节作用来保证焊接参数稳定的。（ ）

7．埋弧焊焊接过程的自动调节以消除电弧长度变化的干扰作为主要目标。（ ）

8．有两种调节系统可以保证埋弧焊的正常进行，一种是等速送丝系统，另一种是变速送丝系统。（ ）

9．埋弧焊采用接触短路引弧。（ ）

10．埋弧焊的主要优点是可采用较大的焊接电流，焊接生产效率高。（ ）

11．埋弧焊不仅适用于直焊缝和环形焊缝的焊接，而且也可进行形状不规则焊缝的焊接。（ ）

三、选择题（将正确答案的代号填入括号内）

1．埋弧焊不适用于（ ）的焊接。

A．碳素钢　B．不锈钢　C．铝　D．低合金钢

2．下列埋弧焊的特点中（　　）是不正确的。

A．生产效率高　　B．质量好　　C．劳动条件好　　D．焊材消耗大

3．埋弧焊主要适用于（　　）位置。

A．平焊　　B．仰焊　　C．立焊　　D．横焊

4．埋弧焊主要是靠（　　）热来熔化焊丝并和基本金属进行焊接的。

A．电阻　　B．化学　　C．电弧

5．在埋弧焊过程中，焊接电弧稳定燃烧时，焊丝的送丝速度（　　）焊丝的熔化速度。

A．等于　　B．大于　　C．小于

四、简答题

1．简述埋弧焊焊接过程。

2．什么是埋弧焊？埋弧焊有什么特点？

3．什么是人工调节作用？埋弧焊为什么必须采用自动调节系统？

§7-2 埋弧焊机

一、填空题（将正确答案填在横线上）

1．埋弧焊机按送丝方式不同，可分为________焊机和________焊机两种；前者适用于________条件下的焊接，后者适用于________条件下的焊接。

2．按焊丝的数目和形状不同，埋弧焊机可分为________、________和________，目前应用最广泛的是________。

3．埋弧焊机按其结构形式可分为________、________、________、________、________等，目前________和________应用较多。

4．MZ1-1000是________式埋弧焊机，是根据________设计而成的，该机主要是由________、________、________三部分组成。

5．等速送丝式埋弧焊机的电弧稳定燃烧点是________、________和________三线相交点。

6．变速送丝式埋弧焊机的电弧稳定燃烧点是________、________和________三线相交点。

7．MZ-1000是________式埋弧焊机，是根据________原理设计而成的，该机主要是由________、________、________三部分组成。

8．影响电弧自身调节性能的因素主要有________和________。

9．变速送丝式埋弧焊机要求焊接电源具有________的外特性曲线。

10．等速送丝式埋弧焊机要求具有________的电源外特性。

11．影响电弧电压自动调节性能的因素主要是________。

二、判断题（正确的打“√”，错误的打“×”）

1．等速送丝式自动焊机的焊丝送给速度是恒定不变的，与焊接电流、电弧电压无关，当电弧长度发生变化时，通过改变焊丝的熔化速度来消除电弧长度变化的干扰。（　　）

2．变速送丝式自动焊机的焊丝送给速度与电弧电压有关，随着电弧电压的变化来改变

送丝速度，从而消除电弧长度变化的干扰。 (　　)

3．埋弧焊时，保持电弧稳定燃烧的条件是焊丝的送丝速度等于焊丝的熔化速度。 (　　)

4．为了提高电弧的自身调节性能，对于等速送丝式埋弧焊机，应选用具有陡降外特性曲线的电源。 (　　)

5．变速送丝式埋弧焊机焊成的焊缝质量要优于等速送丝式埋弧焊机焊成的焊缝质量。 (　　)

6．为了加强电弧的自身调节作用，最好使用直径较大的焊丝。 (　　)

7．电弧自身调节特性是焊接电弧本身的一种属性，所以焊条电弧焊的焊接电弧也具备这种性质。 (　　)

8．电弧电压的自动调节作用主要依靠焊接电流的增减来改变焊丝熔化速度，而焊丝的送丝速度保持不变。 (　　)

9．变速送丝式焊机的送丝速度与电弧电压无关，与焊接电流有关。 (　　)

10．凡是使电源外特性和电弧静特性发生变化的外界因素，都会影响焊接电流和电弧电压的稳定性。 (　　)

11．采用小电流焊接时，电弧自身调节作用更强烈。 (　　)

12．埋弧焊时，网络电压的波动对焊接参数的稳定性没有影响。 (　　)

13．在等熔化速度曲线上，焊接速度等于焊丝熔化速度。 (　　)

14．在电弧电压自动调节静特性曲线上的不同点，焊丝的熔化速度是相等的。 (　　)

15．在电弧电压自动调节静特性曲线上的不同点，焊丝的送丝速度是相等的。 (　　)

16．在电弧电压自动调节静特性曲线上的每一点，焊丝的送丝速度等于其熔化速度。 (　　)

17．在等熔化速度曲线上的每一点，焊丝的送丝速度不等于其熔化速度。 (　　)

三、选择题（将正确答案的代号填入括号内）

1．MZ-1000 型焊机是（　　）焊机。

A．埋弧焊　　B．焊条电弧焊　　C．CO_2 气体保护焊

2．MZ-1000 型焊机电源外特性曲线形状为（　　）。

A．缓降　　B．陡降　　C．平硬

3．MZ1-1000 型焊机电源外特性曲线形状为（　　）。

A．陡降　　B．缓降　　C．平硬

4．变速送丝式埋弧焊机弧长发生变化后，恢复时间要比等速送丝式焊机（　　）。

A．短　　B．长　　C．相等

5．埋弧焊时，若采用电弧电压自动调节系统的焊机，应选用（　　）形状的外特性电源。

A．陡降　　B．缓降　　C．平硬

6．埋弧焊若采用等速送丝，当电弧长度发生改变而引起焊接参数变化时，电弧自身会产生一种调节作用，使改变的弧长自动回到原来的长度，这种特性（作用）称为（　　）。

A．电弧电压自动调节作用

B．电弧自身调节作用

C．电源外特性

7．电弧电压自动调节系统是通过改变（　　）来实现的。

A．焊接电流　　B．送丝速度　　C．熔化速度

8．埋弧焊中，使（　　）随着弧长的波动而变化，从而保持弧长不变的方法称为电弧电压自动调节。

A．焊接电流　　B．送丝速度　　C．熔化速度

四、名词解释

1．电弧自身调节作用

2．电弧电压自动调节作用

3．等速送丝式自动焊机

4．变速送丝式自动焊机

五、简答题

1. 电弧长度变化时，等速送丝式焊机的电弧自身调节过程是怎样实现的?

2. 电弧长度变化时，变速送丝式焊机的电弧电压自动调节过程是怎样实现的?

3. 影响电弧自身调节性能的因素有哪些?

4. 试比较 MZ-1000 型焊机与 MZ1-1000 型焊机的主要特性。

§7-3 埋弧焊的焊接材料

一、填空题（将正确答案填在横线上）

1. 埋弧焊的焊接材料有____________和____________。

2. 焊剂按其制造方法不同可分为______________和________________。

3. 在焊剂牌号“SJ501”中，“SJ”表示____________________，“5”表示__________
____________________，“01”表示____________________。

4. 在焊剂型号“SFCS167ACH10”中，“S”表示________________，“F”表示______
______________________，“CS”表示____________________，“1”表示________________，
“67”表示____________，“AC”表示____、
“H10”表示____。

5. 在焊剂牌号“HJ431 细”中，“HJ”表示__________，“4”表示______________，
“3”表示______________________，“1”表示________________，“细”表示__________
____________。

6. 用熔炼焊剂焊接低碳钢或低合金钢时，焊丝与焊剂的配合方式有_______________
______________________________和____
两种。

7. 熔炼焊剂的烘干温度一般为____________℃，保温时间为____________h；烧结焊剂的烘干温度为____________℃，保温时间为____________h。

8. 焊剂 430 为____________锰__________硅______________氟型焊剂。

9. 焊剂按氧化锰含量的多少可分为__________________、________________________、
________________和______________________。

二、判断题（正确的打“√”，错误的打“×”）

1. 焊剂的作用主要是为了获得光滑、美观的焊缝表面成形。　（　　）
2. 焊接低碳钢和低合金钢常用的埋弧焊焊剂牌号为 HJ431。　（　　）
3. 焊剂 431 中的主要成分是 MnO、SiO_2、CaF_2。　（　　）
4. 焊剂 431 的前两位数字表示焊缝金属的最低抗拉强度。　（　　）
5. HJ430 属高锰高硅低氟焊剂。　（　　）
6. 低碳钢埋弧焊可采用高锰高硅焊剂配合低锰焊丝使用。　（　　）
7. 选用焊丝时需考虑与焊剂匹配。　（　　）

三、选择题（将正确答案的代号填入括号内）

1. HJ431 是酸性焊剂，可配合 H08MnA 焊接（　　）结构。
   A. 耐热钢　　B. 不锈钢　　C. 重要低碳钢及普通低合金钢

2. HJ431 属于（　　）型焊剂。

A．高锰高硅　　　　B．无锰高硅　　　　C．低锰高硅

3．低合金钢及低碳钢的埋弧焊可采用（　　）高硅焊剂与低锰焊丝相配合。

A．低锰　　　　B．中锰　　　　C．高锰

4．埋弧焊时，焊接低碳钢、低合金钢可采用无锰高硅或低锰高硅焊剂与（　　）焊丝配合。

A．低锰　　　　B．高锰　　　　C．中锰

5．HJ431 的烘干温度为（　　）℃。

A．250　　　　B．100　　　　C．400

6．焊剂是（　　）使用的焊接材料。

A．焊条电弧焊　　　　B．埋弧焊　　　　C．钨极氩弧焊

7．Q235 钢埋弧焊时，可采用 H08A 焊丝配（　　）型焊剂。

A．HJ252　　　　B．HJ130　　　　C．HJ431

四、名词解释

1．焊剂

2．熔炼焊剂

3．HJ430

五、简答题

1．焊剂的作用是什么？

2．焊剂牌号的编制方法如何？试举例说明。

3．埋弧焊时，焊丝与焊剂的选择原则有哪些？

4．保管和使用焊剂时有哪些注意事项？

§7-4　埋弧焊工艺

一、填空题（将正确答案填在横线上）

1．埋弧焊时，电流是决定＿＿＿＿＿＿＿＿＿的主要因素，电压是影响＿＿＿＿＿＿＿的主要因素。为了获得良好的焊缝成形，＿＿＿＿＿＿＿＿＿必须与＿＿＿＿＿＿＿＿＿＿进行良好的匹配。

2．埋弧焊的主要焊接参数包括＿＿＿＿＿＿＿、＿＿＿＿＿＿＿、＿＿＿＿＿＿＿＿、＿＿＿＿＿＿＿＿＿＿、＿＿＿＿＿＿＿＿、＿＿＿＿＿＿＿＿＿＿、＿＿＿＿＿＿＿＿＿＿、＿＿＿＿＿＿与＿＿＿＿＿＿等。

3．上坡焊是焊件倾斜时，热源自＿＿＿＿＿＿向＿＿＿＿＿＿进行的焊接。

4．上坡焊时，焊缝厚度＿＿＿＿＿＿＿，熔宽＿＿＿＿＿＿＿，余高＿＿＿＿＿＿＿。

5．下坡焊时，焊缝厚度＿＿＿＿＿＿＿，熔宽＿＿＿＿＿＿＿，余高＿＿＿＿＿＿＿。

6．环缝埋弧焊时，焊丝一般偏离圆形焊件断面中心线＿＿＿＿＿＿＿mm 距离。一般来说，直径越大，焊接速度越＿＿＿＿，焊丝偏移距离也越＿＿＿＿。

7．多丝埋弧焊是使用＿＿＿＿＿＿＿＿＿根以上焊丝完成同一条焊缝的埋弧焊。

8．多丝埋弧焊按焊丝排列方式不同可分为＿＿＿＿＿＿＿＿＿＿、＿＿＿＿＿＿＿＿＿＿和＿＿＿＿＿＿＿＿＿＿三种。

二、判断题（正确的打“√”，错误的打“×”）

1．用埋弧焊焊接 Q355（16Mn）钢时，可用 H08MnA 焊丝配合 HJ431 型焊剂。（　　）

2．埋弧焊焊接环缝时，常使焊丝偏移焊件断面中心线一定距离，以保证焊接质量。（　　）

3．埋弧焊时，焊丝伸出长度增大，会使焊缝厚度减小，余高增大。（　　）

4．埋弧焊时，当焊丝前倾一定角度时，在其他参数不变的情况下，可使焊缝宽度减小，焊缝有效厚度增大。（　　）

5．埋弧焊时，若其他参数不变，则随着焊丝直径的增大，焊缝熔宽减小，焊缝有效厚度增大。（　　）

6．埋弧焊时，焊接电流主要影响焊缝的熔宽，而电弧电压主要影响焊缝的有效厚度。（　　）

7．使用两根以上焊丝完成同一条焊缝的埋弧焊称为多丝埋弧焊。（　　）

8．双丝埋弧焊时焊丝多采用横列式。（　　）

9．上坡焊时，焊缝成形系数比下坡焊时大。（　　）

10．上坡焊焊件的倾角超过 6° 时，焊缝成形较差。（　　）

三、选择题（将正确答案的代号填入括号内）

1．埋弧焊时，选择（　　），焊缝厚度最大。

A．交流电源　　B．直流正接　　C．直流反接

2．埋弧焊时，如果焊丝未对准，焊缝容易产生（　　）。

A．气孔　　B．夹渣

C．裂纹　　D．未焊透

3．埋弧焊时，若其他参数不变，则随着电弧电压增大，焊缝的宽度（　　），焊缝有效厚度（　　）。

A．增大　　B．减小　　C．不变

4．埋弧焊时，若其他参数不变，则随着焊接速度提高，焊缝宽度（　　）。

A．减小　　B．不变　　C．增大

5．埋弧焊时，若其他参数不变，则随着焊接电流的增大，焊缝有效厚度（　　），焊缝宽度（　　）。

A．增大　　B．减小　　C．变化不大

6．埋弧焊时，随着焊件的装配间隙或坡口角度的增大，焊缝有效厚度（　　）。

A．增大　　B．减小　　C．不变

7．埋弧焊在其他参数不变的情况下，焊接速度减小，则焊接热输入（　　）。

A．增大　　B．减小　　C．不变

8．焊剂垫的作用是防止产生（　　）缺欠。

A．咬边　　B．烧穿　　C．气孔

9．双面埋弧焊时，第二面焊前需挑焊根的目的是防止（　　）。

A．气孔　　B．裂纹　　C．未焊透

10．埋弧焊时，欲增大焊缝熔深，在其他参数不变时，可以（　　）。

A．提高焊接速度　　B．增大焊接电流

C．增大焊丝直径

四、简答题

1．埋弧焊的主要焊接参数有哪些？

2. 埋弧焊的主要焊接参数对焊缝形状及质量有什么影响?

3. 埋弧焊焊接环焊缝时，焊丝为什么要偏离圆形零件断面中心线一段距离?偏移距离的大小与哪些因素有关?

第八章　气体保护电弧焊

§8-1　气体保护电弧焊的原理及特点

一、填空题（将正确答案填在横线上）

1．气体保护电弧焊按所用的电极材料不同，可分为____________________和____________________两大类。

2．气体保护电弧焊按保护气体的种类不同可分为____________、____________、____________、____________和____________等方法。

3．常用的惰性气体有________、________，常用的还原性气体有________、________，常用的氧化性气体有________、________。

4．对焊接过程要进行保护，焊条电弧焊采用____________保护，埋弧焊采用__________保护，而 CO_2 气体保护焊、钨极氩弧焊则采用____________保护。

5．气体保护电弧焊按操作方式不同可分为____________、____________和____________三类。

6．熔化极气体保护电弧焊可分为________________、________________和________________三种。

7．钨极氩弧焊属于__________极气体保护电弧焊。

8．焊接时可用作保护气体的种类主要有______________、____________、______________、____________、______________及______________。

二、判断题（正确的打“√”，错误的打“×”）

1．由于气体保护焊时没有熔渣，因此焊接质量比焊条电弧焊和埋弧焊差得多。（　　）

2．气体保护焊很适宜进行全位置焊接。（　　）

3．氧化性气体由于本身氧化性强，因此不适宜作为保护气体。（　　）

4．因氮气不溶于铜，故可用氮气作为焊接铜及铜合金的保护气体。（　　）

5．气体保护焊时只能用单一气体作为保护介质。（　　）

三、名词解释

1．气体保护电弧焊

2．熔化极气体保护电弧焊

3．非熔化极气体保护电弧焊

四、简答题

1．气体保护电弧焊的原理是什么？

2．气体保护电弧焊有哪些优缺点？

§8-2　二氧化碳气体保护电弧焊

一、填空题（将正确答案填在横线上）

1. CO_2 气体保护焊的优点是________、________、________、________、________、________。

2. CO_2 焊按所用的焊丝直径不同可分为________和________两种，前者使用的焊丝直径________，后者使用的焊丝直径________。

3. CO_2 气体保护焊按操作方式不同可分为________和________两类，其主要区别是________________________。

4. CO_2 焊熔滴过渡的形式主要有________和________。

5. CO_2 焊采用大电流、高电压进行焊接时，熔滴过渡形式为________。

6. CO_2 焊采用小电流、低电压进行焊接时，熔滴过渡形式为________。

7. CO_2 焊时可能出现三种气孔，即________、________和________。

8. CO_2 气体保护焊用 CO_2 气体的纯度应大于________，含水量不超过________。

9. CO_2 半自动焊的送丝方式有________、________、________三种。

10. CO_2 气体保护焊设备中的供气系统由________、________、________、________、________和________等部分组成。

11. CO_2 气体保护焊的焊接参数主要包括________、________、________、________、________、________、________、________、________与________等。

12. CO_2 气体保护焊对供气系统的控制程序：引弧时________，焊接时________，结束时________。

13. CO_2 气体保护焊控制系统的作用是对________、________和________系统实现控制。

14. 通常 CO_2 半自动焊的焊接速度在________m/h 范围内。

15. 细丝 CO_2 焊的气体流量为________L/min，粗丝 CO_2 焊的气体流量为________L/min。

16. CO_2 气体保护焊的焊丝伸出长度一般应为焊丝直径的________倍。

17. CO_2 气体保护焊的焊丝含有较多的________元素，目的是防止焊缝________，________，以保证焊缝金属具有足够的力学性能。

18. CO_2 气体保护焊的焊接材料是________和________。

19. 在焊机型号 NBC-500 中，N 表示＿＿＿＿＿＿＿，B 表示＿＿＿＿＿＿＿，C 表示＿＿＿＿＿＿＿，500 表示＿＿＿＿＿＿＿。

二、判断题（正确的打“√”，错误的打“×”）

1. CO_2 气体保护焊时，产生的气孔主要是由于保护气层破坏，使得空气入侵而形成的氮气孔。（　　）

2. CO_2 气体保护焊时常用的焊丝是 ER50-6、ER49-1。（　　）

3. CO_2 气体保护焊焊接回路中串联电感的目的是防止产生气孔。（　　）

4. CO_2 气体保护焊电源采用直流正接时，产生的飞溅要比直流反接时严重得多。（　　）

5. 往 CO_2 气体保护焊的供气系统中接入干燥器的作用是对 CO_2 气体加热，以防止 CO_2 中的水结冰而造成减压阀门冻坏和堵塞气路。（　　）

6. CO_2 气体保护焊和埋弧焊用的都是焊丝，所以一般可以互用。（　　）

7. CO_2 气体保护焊用的焊丝有镀铜和不镀铜两种，镀铜的作用是防止生锈，改善焊丝导电性能，提高焊接过程的稳定性。（　　）

8. CO_2 气体保护焊供气系统中的预热器应该安装在减压器之前。（　　）

9. CO_2 气体保护焊的电弧静特性曲线是一条上升的曲线。（　　）

10. CO_2 气体保护焊的焊接电源应该具有陡降外特性。（　　）

11. 推丝式送丝机构适用于长距离输送焊丝。（　　）

12. 拉丝式送丝机构适用于短距离输送焊丝。（　　）

13. CO_2 气体在高温下会发生分解，所以焊缝具有较高的力学性能。（　　）

14. CO_2 气体保护焊与焊条电弧焊相比，缺点之一是焊接接头抗冷裂性较差。（　　）

15. CO_2 气体保护焊是焊接铝及铝合金较完善的焊接方法。（　　）

16. 细丝 CO_2 气体保护焊使用的焊丝直径≤2 mm。（　　）

17. CO_2 气体保护焊形成氢气孔的可能性较小。（　　）

18. 拉丝式送丝系统的送丝机构装在焊枪上。（　　）

19. 当 CO_2 气瓶内压力降低到 0.98 MPa 时，CO_2 气体不能继续使用。（　　）

三、选择题（将正确答案的代号填入括号内）

1. CO_2 气体保护焊时，为了减少焊缝中的一氧化碳气孔，通常采用含有足够脱氧元素（　　）的焊丝，并严格控制焊丝中的含（　　）量。

A．硅锰　　B．铬镍　　C．硫磷
D．碳　　E．氩　　F．氮

2. CO_2 气体保护焊时，焊缝中最容易产生的是（　　）气孔，因（　　）气来源于空气，所以必须加强 CO_2 气流的保护效果，以防止空气侵入焊接区。

A．氩　　B．氮　　C．CO　　D．氧

3. 焊前彻底清除焊丝及焊件表面的油污、铁锈，以及对 CO_2 气体进行干燥处理，是 CO_2 气体保护焊防止产生（　　）的主要措施。

A．氧气孔　　B．氢气孔　　C．CO_2 气孔　　D．飞溅

4. 在 CO_2 气体保护焊的供气系统中，串联（　　）能减少 CO_2 气体中的水分。

A. 加热器　　B. 流量计　　C. 干燥器

5. CO_2 气体保护焊焊接薄板及全位置焊接时，熔滴过渡形式通常采用（　　）。

A. 颗粒过渡　　B. 短路过渡　　C. 喷射过渡

6. CO_2 气体保护焊焊接厚板时，熔滴过渡形式采用（　　）。

A. 滴状过渡　　B. 短路过渡　　C. 喷射过渡

7. CO_2 气体保护焊的电源常用（　　）。

A. 交流电源　　B. 直流正接　　C. 直流反接

8. NBC–300 型焊机是（　　）。

A. 埋弧焊机　　B. 半自动 CO_2 气体保护焊机

C. 氩弧焊机　　D. 焊条电弧焊机

9. 我国目前常用的半自动 CO_2 气体保护焊送丝机构的形式是（　　）。

A. 推丝式　　B. 拉丝式　　C. 推拉式

10. CO_2 气瓶内剩余压力应不低于（　　）MPa，才能保证再次灌气后的气体纯度。

A. 0.98　　B. 0.5　　C. 1.5　　D. 2

11. 在 CO_2 气体保护焊焊接收弧时，为保护弧坑熔化金属的凝固，供气系统在收弧时应（　　）断气。

A. 提前 1 ~ 2 s　　B. 同时　　C. 滞后 2 ~ 3 s

12. 细丝 CO_2 气体保护焊时，熔滴应采用（　　）。

A. 短路过渡　　B. 粗滴过渡　　C. 喷射过渡

13. 细丝 CO_2 气体保护焊的气体流量是（　　）L/min。

A. 8 ~ 15　　B. 15 ~ 25　　C. 0 ~ 5

14. 气体保护焊时，保护气体成本最低的是（　　）。

A. CO_2　　B. Ar　　C. He　　D. H_2

15. CO_2 气体保护焊的主要缺点是易产生（　　）缺欠。

A. 气孔　　B. 裂纹　　C. 未焊透　　D. 飞溅

16. CO_2 气体保护焊随着气瓶中 CO_2 气体压力的降低，CO_2 气体中的含水量将（　　）。

A. 增加　　B. 减少　　C. 不变

四、名词解释

1. CO_2 气体保护焊

2. NBC–250 型焊机

3．推拉式送丝

五、简答题

1．CO_2气体保护焊的冶金特点是什么？

2. CO_2气体保护焊产生飞溅的原因是什么？减少飞溅的措施有哪些？

3. CO_2气体保护焊对焊接电源有什么要求？为什么要采用平硬或缓降的外特性电源？

4. CO_2 气体保护焊产生气孔的原因及防止措施是什么？

5. CO_2 气体保护焊按操作方式可分为哪两种？其主要区别是什么？

6．采用 CO_2 气体保护焊时应如何选择焊接参数？

§8-3 氩 弧 焊

一、填空题（将正确答案填在横线上）

1．氩弧焊是指使用________作为保护气体的一种气体保护电弧焊方法。

2．氩弧焊的特点是________、________、________。

3．氩弧焊按所用的电极材料不同可分为________和________两类。

4．氩气钢瓶外涂________色，并标有________色的“氩气”字样。

5．氩弧焊按其操作方式不同可分为________、________、________。

6．氩弧焊根据电源种类不同，可分为________、________、________。

7．钨极氩弧焊焊接铝时一般采用________电源。

8．钨极氩弧焊的焊接参数主要有________、________、________、________、________、________。

9．手工钨极氩弧焊设备主要由________、________、________、________、________等部分组成。

10．进行钨极氩弧焊前，必须对被焊材料的坡口、坡口附近 20 mm 范围内及焊丝进行清理，常用的清理方法有________、________和________三种。

11．低碳钢、低合金钢钨极氩弧焊时，电源应选用________。

12．钨极氩弧焊电源采用________时，钨极是________极，温度高，消耗快，使用寿命短，所以很少采用。

13．手工钨极氩弧焊的供气系统由________、________、________、________等组成。

14．钨极氩弧焊时，通常采用________器来引弧，采用________器来稳弧。

15．钨极氩弧焊焊枪的作用是________、________、________。

16．在焊机型号 WSJ-500 中，W 表示________，S 表示________，J 表示________，500 表示________。

17．熔化极半自动氩弧焊设备主要由________、________、________、________、________等部分组成。

18．熔化极氩弧焊的主要焊接参数有________、________、________、________、________、________等。

19．在熔化极氩弧焊中，选用细焊丝时采用＿＿＿＿＿＿送丝系统，配用＿＿＿＿＿＿的焊接电源；选用粗焊丝时，采用＿＿＿＿＿＿送丝系统，配用＿＿＿＿＿＿的焊接电源。

20．在焊机型号 NZA-1000 中，N 表示＿＿＿＿＿＿，Z 表示＿＿＿＿＿＿，A 表示＿＿＿＿＿＿，1000 表示＿＿＿＿＿＿。

21．钨极脉冲氩弧焊的焊接参数除普通钨极氩弧焊的参数外，还有＿＿＿＿＿＿、＿＿＿＿＿＿、＿＿＿＿＿＿、＿＿＿＿＿＿、＿＿＿＿＿＿等。

22．钨极氩弧焊的焊接材料主要有＿＿＿＿＿＿、＿＿＿＿＿＿和＿＿＿＿＿＿。

二、判断题（正确的打"√"，错误的打"×"）

1．氩气是惰性气体，具有高温下不分解且不与焊缝金属起化学反应的特性。（　　）

2．手工钨极氩弧焊的有害因素较多，其中有微量的放射性，故应尽量选用无放射性的钍钨极来代替有放射性的铈钨极。（　　）

3．手工钨极氩弧焊较好的引弧方法是接触引弧法。（　　）

4．手工钨极氩弧焊时，由于电弧受到氩气的压缩和冷却作用，使电弧热量集中，热影响区缩小，因此，焊接应力和变形较大，此法只适用于厚板的焊接。（　　）

5．钨极氩弧焊时，因为电弧的静特性曲线是水平的，所以常选用陡降外特性电源。（　　）

6．熔化极氩弧焊熔滴过渡的形式宜采用喷射过渡。（　　）

7．钨极氩弧焊焊接铝镁合金一般采用交流电源，而不采用直流反接，因为直流反接时无阴极破碎现象。（　　）

8．钨极氩弧焊和焊条电弧焊一样，都是采用气渣联合保护形式来保证焊接质量的。（　　）

9．钨极氩弧焊时，当焊接电流超过 150 A 时，钨极和焊枪必须采用流动冷水进行冷却。（　　）

10．手工钨极氩弧焊时，为增加保护效果，氩气的流量越大越好。（　　）

11．脉冲氩弧焊时，基值电流只起维持电弧燃烧的作用。（　　）

12．钨极脉冲氩弧焊可焊接钨极氩弧焊不能焊接的超薄板，但不适用于全位置焊。（　　）

13．钨极脉冲氩弧焊焊缝实际上是由许多焊点连续搭接而成的。（　　）

14．钨极氩弧焊的焊接次序是先送丝、后送气，先停丝、后停气。（　　）

15．钨极氩弧焊的电源种类和极性需根据焊件材质进行选择。（　　）

16．钨极氩弧焊对焊件表面的清理要求不高，因此使用方便。（　　）

17．钨极氩弧焊焊接电流较小时采用小直径的钨极，并将其端部磨成尖锥角。（　　）

18．氩弧焊几乎可以焊接所有的金属材料。（　　）

19．为了方便使用，钨极一端常涂有颜色，以便识别，钍钨极为红色，铈钨极为灰色，纯钨极为绿色。（　　）

20．氩气瓶外表涂灰色，并在瓶体上标有深绿色"氩气"字样。（　　）

三、选择题（将正确答案的代号填入括号内）

1．钨极氩弧焊的电弧功率（　　），适用于（　　）焊接；熔化极氩弧焊电弧功率

（　　），适用于（　　）焊接。

A．较大　　B．较小　　C．薄板　　D．厚板

2．三种氩弧焊用电极材料中（　　）放射性危害小，电流密度高，引弧性能好。

A．纯钨极　　B．钍钨极　　C．铈钨极

3．铝、镁及其合金采用直流钨极氩弧焊时，不应将钨极接在电源的正极上，其原因是（　　）。

A．避免钨极损耗过大　　B．容易产生气孔

C．工件表面没有阴极破碎作用　　D．飞溅大

4．WS–250 型焊机是（　　）。

A．埋弧焊机　　B．手工钨极氩弧焊机

C．半自动 CO_2 气体保护焊机

5．用手工钨极氩弧焊焊接铝及铝合金时宜选用（　　）电源，焊接不锈钢时宜选用（　　）电源。

A．交流　　B．直流反接　　C．直流正接

6．焊接钛及钛合金时，常用的焊接方法是（　　）。

A．焊条电弧焊　　B．氩弧焊

C．CO_2 气体保护焊　　D．气焊

7．钨极氩弧焊的电源外特性曲线应该是（　　）。

A．陡降的　　B．缓降的

C．水平的　　D．上升的

8．钨极氩弧焊采用同一直径的钨极时，以（　　）允许使用的焊接电流最小，以（　　）允许使用的焊接电流最大。

A．直流正接　　B．直流反接　　C．交流

9．钨极氩弧焊的稳弧装置是（　　）。

A．电磁气阀　　B．高频振荡器　　C．脉冲稳弧器

10．熔化极氩弧焊时一般采用（　　）过渡。

A．喷射　　B．短路　　C．颗粒

11．交流钨极氩弧焊时宜将钨极端部磨成（　　）形。

A．尖锥　　B．钝角　　C．圆球

12．钨极氩弧焊焊枪喷嘴至焊件的距离增大，则气体保护效果（　　）。

A．变好　　B．变差　　C．不变

四、名词解释

1．钨极氩弧焊

2．熔化极氩弧焊

3．阴极破碎作用

4．脉冲氩弧焊

五、简答题

1．氩弧焊的焊接原理是什么？有什么特点？

2．采用钨极氩弧焊焊接低碳钢、不锈钢、铝及铝合金、镁及镁合金时，应如何选择电源种类？为什么？

3．熔化极氩弧焊的原理及特点是什么？

4．CO_2 气体、氮气、氩气都是保护气体，它们的性质和用途有什么不同？

5．简述脉冲氩弧焊的焊接原理。

6．脉冲氩弧焊有什么特点？

7. 脉冲氩弧焊的焊接参数有哪些?

§8-4 熔化极活性混合气体保护焊

一、填空题（将正确答案填在横线上）

1. MAG焊常用的混合气体有________、________、________。

2. 采用在惰性气体氩（Ar）中加入少量的________________而成的混合气体作为保护气体的焊接方法称为____________，简称______焊。由于混合气体中________所占比例大，故常称为____________。

3. 富氩混合气体保护焊常用__________氩气加上__________二氧化碳的混合气体来焊接碳钢和低合金钢。

4. MAG焊的焊接参数主要有____________、____________、____________、____________、____________、____________、____________等。

二、判断题（正确的打“√”，错误的打“×”）

1. 富氩混合气体保护焊克服了纯氩弧焊易咬边、电弧斑点漂移等缺欠，同时改善了焊缝成形，提高了接头的力学性能。（　　）

2. 富氩混合气体保护焊与纯CO_2气体保护焊相比，电弧燃烧稳定，飞溅小，且易形成喷射过渡。（　　）

3. 焊接不锈钢等高合金钢和高强钢时，常采用$Ar+O_2$混合气体，O_2的含量（体积）应控制在1% ~ 5%。（　　）

4. $Ar+O_2+CO_2$混合气体可用于焊接低碳钢、低合金钢，其焊缝成形、接头质量以及金属熔滴过渡和电弧稳定性都比$Ar+O_2$或$Ar+CO_2$差。（　　）

5. 富氩混合气体保护焊焊接时宜采用直流反极性，即焊件接正极，焊丝接负极。（　　）

6. 进行MAG焊时，由于保护气体具有一定的氧化性，因此必须使用含有铝、锰等脱氧元素的焊丝。（　　）

三、简答题

1. 什么是 MAG 焊？它与纯 CO_2 气体保护焊、纯氩弧焊相比有什么特点？

2. MAG 焊如何选用焊丝？

3．MAG 焊的焊接参数有哪些?

4．MAG 焊电弧电压常用的经验公式有哪些?

§8-5 药芯焊丝气体保护电弧焊

一、填空题（将正确答案填在横线上）

1．药芯焊丝电弧焊根据外加保护方式不同，可分为＿＿＿＿＿＿＿＿＿＿、＿＿＿＿＿＿＿＿和＿＿＿＿＿＿＿＿。

2．药芯焊丝气体保护焊根据保护气体不同，可分为＿＿＿＿＿＿＿＿＿＿、＿＿＿＿＿＿＿＿＿＿＿＿、＿＿＿＿＿＿＿＿＿＿＿＿等，其中＿＿＿＿＿＿＿＿＿＿＿＿应用最广泛。

3．药芯焊丝由＿＿＿＿＿＿和＿＿＿＿＿＿组成，其截面形状有＿＿＿＿＿形、＿＿＿＿＿形、＿＿＿＿＿＿形、＿＿＿＿＿＿形、＿＿＿＿＿＿形等。

4．药芯焊丝 CO_2 气体保护焊属于＿＿＿＿＿＿＿＿保护。

二、判断题（正确的打“√”，错误的打“×”）

1．药芯焊丝 CO_2 气体保护焊的电源可采用交流或直流，采用直流时应为直流正接。（　　）

2．药芯焊丝 CO_2 气体保护焊的焊丝焊接前不需烘干。（　　）

3．药芯焊丝 CO_2 气体保护焊属于气渣联合保护。（　　）

4．药芯焊丝 CO_2 气体保护焊的焊丝伸出长度一般为 15 ~ 25 mm。（　　）

三、简答题

1. 药芯焊丝气体保护焊的原理及特点是什么？

2. 解释药芯焊丝型号 T552T11-0NA-N7 的含义。

3．药芯焊丝的牌号是如何编制的？试举例说明。

4．药芯焊丝 CO_2 气体保护焊的焊接参数有哪些？

§8-6 气 电 立 焊

一、判断题

1．气电立焊是利用水冷滑块挡住熔化金属，强迫其成形，从而实现平位焊接的一种电弧焊。 （ ）

2．气电立焊的优点是可不开坡口焊接厚板，一次焊接成形，生产效率高，成本低。 （ ）

3．气电立焊电源的负载持续率可达 100%。 （ ）

4．气电立焊通常采用 80%（Ar）+20%（CO_2）的混合气体或纯 CO_2 气体作为保护气体。 （ ）

5．气电立焊的熔深是指对接接头侧面母材的熔入深度。 （ ）

二、简答题

1. 什么是气电立焊？其原理是什么？有什么特点？

2. 气电立焊的设备有哪些？

第九章　等离子弧焊与等离子弧切割

§9-1　等离子弧产生的原理及特点

一、填空题（将正确答案填在横线上）

1．对自由电弧的弧柱进行强迫压缩作用称为______________________效应，产生此种效应有____________、______________和______________三种作用。

2．根据电极的不同接法，等离子弧可分为____________、____________和____________三种。

3．等离子弧的特点是______________________________、__________________________________和______________________________。

4．等离子弧是利用等离子枪将阴极（如钨极）和阳极之间的______________电弧压缩成高______________、高______________、高______________和高______________的电弧。

二、判断题（正确的打"√"，错误的打"×"）

1．等离子弧是压缩电弧。（　　）

2．等离子弧的温度之所以高，是因为使用了较大的焊接电流。（　　）

3．在电极与喷嘴之间建立的等离子弧称为非转移弧。（　　）

4．等离子弧和普通自由电弧本质上是完全不同的两种电弧，表现为前者弧柱温度高，后者弧柱温度低。（　　）

5．转移弧常用于中、厚板的焊接、切割。（　　）

6．非转移弧主要用于喷涂、焊接、切割较厚的金属和非金属材料。（　　）

7．等离子弧的扩散角度约为45°，故电弧挺度好，燃烧稳定。（　　）

8．电极接电源正极，焊件接电源负极，所产生的等离子弧是转移弧。（　　）

三、选择题（将正确答案的代号填入括号内）

1．在电极与喷嘴之间建立的等离子弧为（　　）。

A．非转移弧　　B．转移弧　　C．联合型弧

2．在电极与焊件之间建立的等离子弧为（　　）。

A．非转移弧　　B．转移弧　　C．联合型弧

3．等离子弧所受到的压缩作用有（　　）种。

A．1　　B．3　　C．2　　D．4

4．在等离子弧的压缩作用中，（　　）起主要作用。

A．机械压缩　　B．磁收缩　　C．热收缩

5．等离子弧是（　　）。

A．脉冲电弧　　B．自由电弧　　C．压缩电弧

四、名词解释

1．等离子弧

2．转移弧

3．非转移弧

五、简答题

1．什么是等离子弧？它与自由电弧有什么区别？

2．等离子弧是如何产生的？

3. 等离子弧有哪几种类型？各适用于什么范围？

4. 等离子弧的特点有哪些？

§9-2 等离子弧切割

一、填空题（将正确答案填在横线上）

1. 等离子弧切割的特点是__________、________________、_________。

2. 等离子弧切割的工作气体是__________、__________、__________以及__________，常用的是__________。空气等离子弧切割采用的气体是______。

3．等离子弧切割一般采用的电极材料为________________，若为空气等离子弧切割则采用______________或____________电极。

4．等离子弧切割参数主要包括_____________、_____________、_________________、_____________、_____________________和_____________________等。

5．等离子弧切割设备包括_____________、______________、_________________、_____________和______________等几部分。

6．等离子弧切割设备气路系统的作用是_____________、___________________及_________________不被烧毁，一般气体压力应在____________MPa之间。

7．等离子弧切割时，喷嘴与割件的距离一般为__________mm，空气等离子弧切割一般为__________mm。

8．____________________________称为钨极内缩量。钨极内缩量越大，电弧压缩效果越__________，一般取__________mm为宜。

9．采用非转移弧，既可用于__________切割，又可用于__________切割。

10．等离子弧切割要求采用具有______________外特性的直流电源，并且空载电压在__________V之间。

11．等离子弧切割时，选择的电源空载电压一般应是切割电压的__________倍。

12．等离子弧切割的切割电流和切割电压增大时，等离子弧__________增大，可切割厚度和切割速度也__________。

13．空气等离子弧切割即使采用锆或铪金属电极，其工作寿命也只有__________h。为降低电极烧损，可采用______________割嘴，即在内喷嘴通入__________对电极加以保护，在外喷嘴通入__________。

二、判断题（正确的打“√”，错误的打“×”）

1．等离子弧切割时，提高切割速度可使切口变窄，热影响区减小。（ ）

2．空气等离子弧切割机切割板厚超过40 mm时，其经济效益比氧乙炔焰切割高。（ ）

3．适当增加等离子气流量，可以提高切割厚度和质量。（ ）

4．等离子弧切割时，若等离子气流量过大，冷却气流将带走大量的热量，会降低切割能力。（ ）

5．工业上常用的等离子气体是CO_2。（ ）

6．等离子弧切割过程是预热→燃烧→吹渣，其实质是燃烧而不是熔化。（ ）

三、选择题（将正确答案的代号填入括号内）

1．等离子弧切割时，如果采用（ ），可以切割非金属材料及混凝土、耐火砖等。

A．转移弧　B．非转移弧　C．联合型弧

2．提高等离子弧切割厚度，采用提高（ ）的方法效果最好。

A．切割速度　B．切割电流　C．切割电压

3．等离子弧切割时，促使工件切口变宽的参数是增大电流和（ ）。

A．提高切割速度　B．降低切割速度　C．增大喷嘴与工件的距离

4. 钨极内缩量对电弧压缩效果有影响，内缩量过小时，等离子弧的压缩程度将（ ）。

A. 加强　　B. 减弱　　C. 不变

5. 等离子弧切割时，喷嘴与割件的距离一般为（ ）mm。

A. 6 ~ 8　　B. 3 ~ 5　　C. 7 ~ 10

6. 等离子弧切割时，工作气体应用最广泛的是（ ）。

A. 氮气　　B. 氢气　　C. 氦气　　D. 氩气

7. 等离子弧切割大厚度工件时，切割电压的提高可以通过调整或改变（ ）来实现。

A. 切割气体成分　　B. 切割电流

C. 气体流量　　D. 喷嘴与割件的距离

8. 等离子弧切割中厚板以上的金属材料时都采用（ ）。

A. 非转移弧　　B. 转移弧　　C. 联合型弧　　D. 直接型弧

四、名词解释

1. 等离子弧切割

2. 空气等离子弧切割

五、简答题

1. 简述等离子弧切割的原理及特点。

2．等离子弧切割设备由哪几部分组成？各有什么作用？

3．等离子弧切割参数主要包括哪些？

4．空气等离子弧切割的特点是什么？适用于什么材料的切割？

5．空气等离子弧切割设备的割炬与一般等离子弧切割的割炬有什么不同？

§9-3 等离子弧焊

一、填空题（将正确答案填在横线上）

1．等离子弧焊有________、__________和________三种方法。

2．穿透型等离子弧焊适用于焊接________mm 厚度的合金钢板材，可以不开坡口和背面不用衬垫进行________成形。

3．熔透型等离子弧焊主要用于__________焊接及________的多层焊盖面。

4．采用 30 A 以下的焊接电流进行的等离子弧焊称为__________。一般用来焊接厚度为________mm 的薄板及________等。

5．等离子弧焊的工作气体分为________和________两种。

6．等离子弧焊一般采用的电极材料是____________，焊接不锈钢、合金钢、钛合金等采用直流______，焊接铝、镁薄板时采用直流______。

7．等离子弧焊一般采用具有________或________外特性的直流弧焊电源。

8．等离子弧焊产生双弧的原因是弧柱与喷嘴孔壁之间的冷气膜____。

二、判断题（正确的打“√”，错误的打“×”）

1．大电流等离子弧焊均采用非转移弧。（ ）

2．等离子弧焊时，利用“小孔效应”可以有效地获得单面焊双面成形效果。（ ）

3．微束等离子弧焊通常采用转移弧。（ ）

4．微束等离子弧焊的优点之一是可以焊接极薄的金属。（ ）

5．等离子弧焊时的双弧现象可以大大提高等离子弧燃烧的稳定性。（ ）

6．减小喷嘴孔径和增大孔道长度容易产生双弧现象。（ ）

7．为了保持焊接参数稳定，等离子弧焊应采用具有陡降外特性的直流电源。（ ）

8．为了利用阴极破碎现象，等离子弧焊焊接铝、镁合金时可以采用交流电源。（ ）

9．等离子弧焊时，电极应采用纯钨极，不得使用钍钨极和铈钨极。（ ）

10．焊缝中容易产生夹钨是等离子弧焊的主要缺点之一。（ ）

11．转移弧可以直接加热焊件，常用于中等厚度以上焊件的焊接。（ ）

12．“小孔效应”只有在微束等离子弧焊中才能应用到。（ ）

三、选择题（将正确答案的代号填入括号内）

1．用等离子弧焊焊接铝、镁合金厚件时通常采用（ ）电源。

A．直流正接　　B．直流反接　　C．交流

2．能够焊接超薄（如 0.01 mm）焊件的焊接方法是（ ）。

A．细丝熔化极气体保护焊

B．埋弧焊

C．微束等离子弧焊

3．用等离子弧焊焊接不锈钢时应采用（ ）电源。

A．交流　　B．直流正接　　C．直流反接　　D．脉冲交流

4．等离子弧焊广泛采用具有（ ）外特性的（ ）电源。

A．陡降；直流　　B．陡降；交流

C．上升；直流　　D．缓降；交流

5．小电流等离子弧焊时，焊件焊后的变形量和热影响区都（ ）钨极氩弧焊。

A．大于　　B．小于　　C．等于

6．微束等离子弧焊机应采用（ ）外特性的电源。

A．垂直下降　　B．上升　　C．缓降

7．穿透型等离子弧焊使用的焊接电流范围是（ ）A。

A．20 ~ 200　　B．100 ~ 300　　C．100 ~ 500

8．微束等离子弧焊使用的电流通常小于（ ）A。

A．10　　B．30　　C．20　　D．50

9．穿透型等离子弧焊使用（ ）。

A．非转移弧　　B．转移弧　　C．联合型弧

四、名词解释

1．等离子弧焊

2．穿透型等离子弧焊

3．熔透型等离子弧焊

4．微束等离子弧焊

5．等离子双弧

五、简答题

1．等离子弧焊的原理及特点是什么？

2．等离子弧焊有哪几种方法？使用范围如何？

3．穿透型等离子弧焊的焊接参数主要有哪些？

4．手工等离子弧焊的设备主要由哪几部分组成？

5．等离子弧焊时应采用哪种接头形式和坡口形式？

6．等离子弧焊、等离子弧切割时产生的双弧有什么危害性？

7．双弧形成的原因是什么？防止产生双弧的措施有哪些？

8．等离子弧焊、等离子弧切割时应采取哪些安全措施?

第十章 电 阻 焊

§10-1 电阻焊的原理及特点

一、填空题（将正确答案填在横线上）

1．常用的电阻焊方法主要有________、________、__________和___________。

2．电阻焊是指焊件组合后通过电极施加________，利用电流通过接头的__________及邻近区域产生的___________进行焊接的方法。

3．电阻焊产生电阻热的电阻有___________________、__________________和_____________三部分，其中___________________产生的电阻热是主要热源。

4．接触电阻的大小与电极________、材料________、焊件_______以及________有关。

5．对焊按加压和通电方式不同可分为__________和___________。

二、判断题（正确的打“√”，错误的打“×”）

1．电阻焊是电弧焊中应用最广泛的一种焊接方法。（ ）

2．点焊主要用于焊接接头不要求气密性，焊接厚度小于 3 mm 的冲压、轧制的薄板构件。（ ）

3．电阻对焊适用于小断面（小于 250 mm^2）金属型材的焊接。（ ）

4．闪光对焊常用于大横截面、重要的受力对接件焊接。（ ）

5．凸焊本质上就是点焊。（ ）

6．常用的电阻焊方法主要是点焊、缝焊、对焊和凸焊。（ ）

7．由于电阻焊是内部热源，故冶金过程简单，热影响区小，变形小，焊接接头质量较高。（ ）

8．电阻焊不需消耗焊条、焊丝、焊剂等焊接材料，因此成本较低。（ ）

三、选择题（将正确答案的代号填入括号内）

1．接触电阻的大小与（ ）无关。

A．电极压力　　B．材料性质

C．焊件表面状况　　D．焊接电流

2．电阻焊属于（ ）。

A．熔焊　　B．钎焊　　C．压焊

3．电阻点焊时，电极压力增大，电阻热（ ）。

A．增加　　　　　B．减少　　　　　C．不变

4．为避免缝焊分流过大，焊件不能太厚，一般不超过（　　）mm。

A．2　　　　　B．6　　　　　C．4

四、名词解释

1．电阻焊

2．点焊

3．对焊

4．缝焊

5．凸焊

五、简答题

1．电阻焊的原理是什么？它是如何分类的？

2. 接触电阻是如何形成的？影响接触电阻的因素有哪些？

3. 电阻焊有哪些优点？

§10-2 电阻焊设备

一、填空题（将正确答案填在横线上）

1. 电阻焊电源的特点是____________、____________、____________。

2. 固定式点焊机由____________、____________、____________、____________、____________、____________与____________所组成，其中主要部分是____________、____________和____________。

3. 对焊机由____________、____________、____________、____________、____________、____________等部分组成。

4. 点焊电极由____________、____________、____________和____________四部分组成。标准电极（即直电极）有____________、____________、____________、____________、____________五种形式。

5. 电阻焊电极的作用是____________和____________，电极材料主要是用____________________________________制作的。

二、判断题（正确的打“√”，错误的打“×”）

1．点焊电极均采用不锈钢制造。（ ）
2．一般弧焊变压器均可作为电阻焊电源。（ ）
3．电阻焊变压器工作不连续，无空载运行。（ ）
4．缝焊电极又称滚盘，是以旋转的滚盘代替点焊时的圆柱形电极。（ ）
5．FN–63 是最常用的点焊机。（ ）

三、选择题（将正确答案的代号填入括号内）

1. 电阻焊用电源变压器的特点是（ ）。
A．电流大，电压高 B．电流大，电压低
C．电流小，电压低
2．点焊用电极材料是（ ）。
A．铜合金 B．耐热合金 C．不锈钢
3．凸焊机的型号是（ ）。
A．TZ–125 B．FN–63 C．UN2–63
4．点焊机的型号是（ ）。
A．DN–80 B．FN–63 C．UN2–63
5．对焊机的型号是（ ）。
A．DN–80 B．FN–63 C．UN2–16
6．缝焊机的型号是（ ）。
A．DN–80 B．FN–25–1 C．UN2–63
7．电阻焊机工作的特点是（ ）。
A．不连续、无空载 B．不连续、有空载
C．连续、无空载 D．连续、有空载
8．缝焊电极的滚盘直径通常在（ ）mm 以内。
A．300 B．400 C．450

四、简答题

1．点焊机、对焊机各由哪几部分组成?

2．电阻焊电源的特点有哪些?

§10-3 电阻焊工艺

一、填空题（将正确答案填在横线上）

1．点焊的焊接参数有__________、__________、__________、__________等。

2．闪光对焊可分为__________对焊和__________对焊。前者由__________和__________两个阶段组成，后者比前者还多了一个__________阶段。

3．闪光对焊的焊接参数有__________、__________、__________、__________、__________、__________、__________、__________、__________等。

4．点焊时不经过焊接区、未参加形成__________的那一部分电流称为__________，点距越小，分流__________。

5．点焊时，熔核不对称于交界面而向厚板或导电、导热性差的一侧偏移的现象叫作__________。厚度不等时，熔核易偏向__________；材料不同时，熔核易偏向导电、导热性______的材料一侧。

6．焊点尺寸包括__________、__________和__________。

7．对焊时，圆形工件直径的差别应不超过__________，方形工件和管形工件应不超过__________。

8．边距是指__________的距离，搭接宽度一般为边距的__________倍。

9．缝焊按其滚轮电极的转动和馈电方式不同，分为__________、__________和__________三种形式。

10．点焊的焊接循环有__________、__________、__________和__________四个基本阶段。

11．点焊接头形式有__________和__________。

12．压痕深度是指__________的距离，应满足公式__________的要求。

二、判断题（正确的打“√”，错误的打“×”）

1．点焊时，焊接电流切断后就不能再对焊件施加压力了。（　）

2．不同厚度的金属材料不能用点焊焊在一起。（　）

3．不同性质的金属材料可以采用点焊焊在一起。（　）

4．缝焊适用于厚件的搭接焊。（　）

5．电阻对焊最适合于焊接大截面焊件。（　）

6．闪光对焊时，由于闪光的结果，使接缝处的氧化物比电阻对焊多。（　）

7．闪光对焊时，对焊件端面的准备要比电阻对焊严得多。（　）

8．点焊时的电极直径应根据焊件厚度进行选择，焊件越厚，电极直径越大。（　）

9．点焊时，为保证质量，要经常对电极进行清理和修整。（　）

10．闪光对焊主要是利用闪光产生的热量来加热焊件的一种方法。（　）

11．点焊的接头形式为角接接头和卷边接头。（ ）

12．熔核偏移是指不等厚度、不同材料进行点焊时，熔核向厚板或导电、导热性差的一边偏移的现象。（ ）

13．缝焊的接头形式有搭接接头、压平接头和垫箔对接接头。（ ）

三、选择题（将正确答案的代号填入括号内）

1．点焊不同厚度钢板的主要困难是（ ）。

A．分流太大　　B．产生缩孔　　C．熔核偏移

2．棒材闪光对焊时，其伸出长度为其直径的（ ）倍。

A．0.7 ~ 1.0　　B．0.2 ~ 0.6　　C．1.0 ~ 1.5

3．点焊熔核直径 d 与电极端面直径 $d_{极}$ 的关系是（ ）。

A．$d=(0.9 \sim 1.4)d_{极}$　　B．$d=(0.5 \sim 1.0)d_{极}$

C．$d=(1.5 \sim 2.0)d_{极}$

4．点焊时，搭接宽度一般为边距的（ ）倍。

A．2　　B．4　　C．3

5．预热闪光对焊包括（ ）。

A．预热阶段、顶锻阶段　　B．预热阶段、闪光阶段、顶锻阶段

C．闪光阶段、顶锻阶段　　D．预热阶段、闪光阶段

6．点焊焊件表面的压痕深度为焊件厚度的（ ）倍。

A．0.1 ~ 0.15　　B．0.3 ~ 0.17　　C．0.7 ~ 0.21

7．闪光对焊时，通常夹钳夹持力为顶锻压力的（ ）倍。

A．1.5 ~ 4.0　　B．1.0 ~ 3.0　　C．2.5 ~ 6.0

8．闪光对焊时，两工件对接面的几何形状和尺寸应基本一致，圆棒形工件直径的差别应不超过（ ）。

A．15%　　B．20%　　C．5%　　D．10%

9．闪光对焊时，顶锻留量包括有电流顶锻留量和无电流顶锻留量，一般前者为后者的（ ）倍。

A．0.5 ~ 1　　B．1.5 ~ 2　　C．1 ~ 1.5

10．不同性质的材料点焊时，其熔核往往不对称于交界面而向（ ）的材料一侧偏移。

A．电阻率小　　B．导热性好　　C．电阻率大

四、名词解释

1．分流

2. 熔核偏移

五、简答题

1. 防止点焊熔核偏移的方法有哪些?

2. 点焊时，分流有什么危害?

3. 点焊时，如何确定焊点间距和搭接宽度?

4. 点焊的焊接参数有哪些? 应如何选择?

5．闪光对焊的焊接参数有哪些？应如何选择？

6．缝焊焊接参数主要有哪些？

第十一章　其他焊接、切割方法与技术

§11-1　钎　　焊

一、填空题（将正确答案填在横线上）

1. 钎焊根据钎料熔点不同可分为________和________两大类，其熔点分别为________和________。

2. 常用的钎焊方法有________、________、________、________、________、________、________、________等。

3. 钎焊参数主要是________和________。

4. 钎料根据其熔点不同，可分为________和________两大类。

5. 钎料 BAg72Cu 是________钎料，含银量为________，含铜量为________。

6. 钎焊采用对接接头时，接头的________比母材低，所以钎焊一般采用________接头。

7. 钎焊搭接时，一般搭接接头长度为板厚的________倍，但不超过________mm。

8. 钎焊是采用比焊件熔点________的金属材料作钎料，将焊件和钎料加热到________钎料熔点、________焊件熔点的温度，利用液态钎料________母材，填充接头________并与母材相互________，实现焊件连接的方法。

二、判断题（正确的打“√”，错误的打“×”）

1. 钎焊与焊条电弧焊、埋弧焊一样，焊缝都是由填充金属（焊条、焊丝、钎料）和母材共同熔合而成的。（　　）

2. 钎焊常采用搭接接头，目的是增大焊件接触面积，提高焊接强度。（　　）

3. 钎焊时，由于钎料熔化，焊件不熔化，因此焊件金属的组织和性能变化较少，焊接应力和变形也较少。（　　）

4. 钎焊时，若接头间隙过小，使钎料流入困难，易在钎缝内形成夹渣或产生未钎透现象。（　　）

5. 由于钎剂残渣大多具有腐蚀作用，故焊后常需将其清除干净。（　　）

6. 钎焊温度一般比钎料熔点高 25 ～ 60℃。（　　）

7. 钎焊用软钎料的熔点（或液相线）温度低于 450℃。（　　）

8. 在钎焊过程中，被焊母材不熔化，钎料的熔化温度比母材高。（　　）

9．常用的硬钎剂主要是硼砂、硼酸及其混合物，还常加入某些碱金属或碱土金属的氟化物、氯化物。 （　　）

10．QJ102 是铜基和银基钎料用钎剂。 （　　）

三、选择题（将正确答案的代号填入括号内）

1．在硬钎焊过程中，钎料的熔点（或液相线）高于（　　）℃。

A．250　　B．350　　C．450

2．钎焊温度一般比钎料熔点高（　　）℃。

A．25 ~ 60　　B．5 ~ 15　　C．150 ~ 250

3．根据 GB/T 3131—2001 的规定，软钎料用大写英文字母（　　）表示。

A．S　　B．A　　C．B

4．根据 GB/T 10046—2018 的规定，硬钎料用大写英文字母（　　）表示。

A．S　　B．F　　C．B

5．钎焊接头的形式主要是（　　）。

A．对接接头　　B．搭接接头

C．T 形接头　　D．角接接头

6．采用熔点低于 450℃的钎料的钎焊方法是（　　）。

A．硬钎焊　　B．软钎焊　　C．炉中钎焊

7．QJ203 是用于（　　）钎焊的钎剂。

A．Ag　　B．Al　　C．Cu　　D．Sn

四、名词解释

1．钎焊

2．钎料

3．钎剂

五、简答题

1．钎焊的原理是什么？钎焊与熔焊方法相比有什么特点？

2．钎料的型号和牌号是如何编制的？

3．钎剂的作用是什么？其牌号是如何编制的？

4．钎焊的参数有哪些？应如何选择？

5．常用钎焊方法有哪些？各有什么特点？

§11-2 电 渣 焊

一、填空题（将正确答案填在横线上）

1．电渣焊是利用________通过液态________所产生的________热进行焊接的方法。

2．电渣焊的工作过程包括________________________、________________________和____________________三个阶段。

3．电渣焊根据所用的电极形状不同可分为__________________、____________________和____________________________________。

4．电渣焊的特点是________________、________________、______________________、__________________、________________________等。

5．电渣焊的焊接参数主要有__________________________、______________________、____________________和____________________等。

6．电渣焊的热源是____。

7．电渣焊的焊接材料有电极和焊剂，常用的电渣焊焊剂有____________和____________。

8．熔嘴电渣焊的电极由____________________________________和________构成。

9．熔嘴电渣焊中熔嘴的作用是____________、______________和__________________。

二、判断题（正确的打“√”，错误的打“×”）

1．由于电渣焊通过焊剂向焊缝金属过渡合金元素比较困难，因此主要靠电极向焊缝过渡合金元素。（　　）

2．厚钢板电渣焊时效率高，若不开U形坡口就不能保证其焊缝的质量。（　　）

3．电渣焊时，焊件应处于垂直位置，焊接方向是自下而上。（　　）

4．电渣焊渣池的温度比电弧焊要低得多，所以电渣焊的生产效率没有电弧焊高。（　　）

5．“焊接热影响区晶粒粗大，塑性和冲击韧度降低”是电渣焊的主要缺点。（　　）

6．电渣焊时应采用平特性的焊接电源。（　　）

7．低碳钢的电渣焊接头焊后不需进行正火。（　　）

8．电渣焊焊后冷却速度较慢，所以焊缝及热影响区金属晶粒细小，焊接接头冲击韧度高。（　　）

9．电渣焊是一种以电流通过液态熔渣所产生的化学热为热源的焊接方法。（　　）

10．HJ170、HJ431是电渣焊专用焊剂。（　　）

三、选择题（将正确答案的代号填入括号内）

1．电渣焊一般是通过（　　）向焊缝渗合金的。

A．熔炼焊剂　B．合金焊丝　C．合金粉末

2．在电渣焊焊接接头中，为了细化晶粒，消除过热组织，通常采用的焊后热处理方法是（　　）。

A．高温回火　B．正火或正火加回火　C．淬火

3．在金属焊接分类中，电渣焊属于（　　）。

A．熔焊　B．压焊　C．钎焊

4．电渣焊的坡口形式应选择（　　）坡口。

A．U形　B．双V形　C．V形　D．I形

5．电渣焊焊后热处理的目的是（　　）。

A．降低残余应力　B．减少焊接变形　C．细化晶粒

6．电渣焊属于（　　）保护。

A．气　B．渣　C．气渣联合

四、名词解释

1．电渣焊

2．丝极电渣焊

3．板极电渣焊

五、简答题

1. 简述电渣焊的焊接过程。

2. 电渣焊有什么特点？其类型有哪些？

§11-3 碳弧气刨

一、填空题（将正确答案填在横线上）

1．碳弧气刨的用途有________，__________、____________，__________________和__________________等。

2．常用的碳弧气刨枪有__________和__________两种形式。

3．Q235、Q355（16Mn）钢碳弧气刨时，其电源极性为____________；HT200、H62 碳弧气刨时，其电源极性为____________。

4．碳弧气刨时，碳棒伸出长度一般为________mm 为宜。

5．碳弧气刨刨削速度过快或碳棒送进速度过猛，容易产生________缺欠。

6．碳弧气刨的电极材料一般采用________，其断面形状有______和______两种。

7．碳棒直径根据被刨削金属的____来选择，刨削电流的经验公式是____________。一般碳棒直径应比刨槽宽度小________mm。

8．碳弧气刨的电弧长度一般为________mm 为宜，若电弧太短，易引起______缺欠。

9．碳弧气刨的设备由__________、__________、__________、______、______和__________组成。

10．碳弧气刨时的压缩空气压力一般为__________MPa。

二、判断题（正确的打"√"，错误的打"×"）

1．碳弧气刨一般采用直流电源，并要求焊机具有陡降外特性。（　　）

2．碳弧气刨可以在焊件上开 U 形坡口。（　　）

3．碳弧气刨时应该选择功率较大的直流焊机。（　　）

4．碳弧气刨的电极是石墨棒。（　　）

5．碳弧气刨时的刨削电流值取决于所使用的碳棒直径。（　　）

6．碳棒倾角增大时，刨槽深度也增加。（　　）

7．为提高生产效率，碳弧气刨时的刨削速度越快越好。（　　）

8．碳弧气刨时若电弧太短，容易引起"夹碳"缺欠。（　　）

三、选择题（将正确答案的代号填入括号内）

1．碳弧气刨常用的压缩空气压力为（　　）MPa。

A．0.2 ~ 0.4　　B．0.4 ~ 0.6　　C．0.8 ~ 1.0

2．碳棒与工件的倾角增大，刨槽的深度（　　），一般在（　　）之间。

A．增大　　B．减小　　C．不变

D．25° ~ 45°　　E．15° ~ 25°　　F．75° ~ 85°

3. 碳弧气刨铜时的刨削速度一般为（　　）m/min。

A. 0.5 ~ 1.2　　B. 1 ~ 2　　C. 4 ~ 5

4. 碳弧气刨铜及铜合金时，电源应采用（　　）。

A. 交流　　B. 直流反接　　C. 直流正接

5. 碳弧气刨应采用型号为（　　）的电源。

A. AX-500　　B. BX3-500　　C. BP1-3×1000

6. 厚度为 6 ~ 8 mm 的钢板进行碳弧气刨时，宜选用直径为（　　）mm 的圆碳棒。

A. 5 ~ 6　　B. 7 ~ 8　　C. 8 ~ 10

7. 在下列碳弧气刨的用途中说法错误的是（　　）。

A. 用于开坡口　　B. 用于挑焊根

C. 用于刨除焊缝缺欠　　D. 用于焊接铸铁

8. 碳弧气刨刨削一般碳钢和低合金钢时，电源应采用（　　）。

A. 直流正接　　B. 直流反接　　C. 交流

四、简答题

1. 什么是碳弧气刨？其特点是什么？

2．碳弧气刨的工艺参数有哪些？应如何选择？

§11-4　摩擦焊与螺柱焊

一、填空题（将正确答案填在横线上）

1．摩擦焊是指利用工件表面相互__________所产生的热，使端部达到__________状态，然后迅速__________，完成焊接的一种__________焊方法。

2．摩擦焊根据工件相对运动形式和工艺特点来分，主要有____________________、____________________和____________________三种。

3．搅拌摩擦焊能完成____________、______________等多种形式的连接。

4．将螺柱一端与________________________接触，通电________，待接触面________后，给螺柱一定________完成焊接的方法称为螺柱焊。

5．螺柱焊根据所用电源和接头形成过程的不同通常可分为________________________、____________________和____________________三种基本形式。

6．电弧螺柱焊设备由______________、________________________和________________等组成。

二、判断题（正确的打“√”，错误的打“×”）

1．摩擦焊接头是在被焊金属熔点以下形成的，所以摩擦焊属于熔化焊。（　　）

2．摩擦焊不需任何填充金属、焊剂和保护气体，所以摩擦焊是一种低耗材的焊接方法。（　　）

3．搅拌摩擦焊（FSW）是一种新型的固相连接技术，除了铝合金以外，还可以用于镁、铜、钛、钢等金属及其合金的焊接。（　　）

4．将螺柱一端与板件（或管件）表面接触，通电引弧后，熔化结晶形成焊缝的方法称为螺柱焊。（　　）

5．螺柱焊的焊接材料是焊丝。（　　）

6．电弧螺柱焊由弧焊电源供电，燃弧时间为 0.1 ～ 1 s。（　　）

三、简答题

1. 什么是摩擦焊？它有什么特点？

2．简述搅拌摩擦焊的原理与焊接过程。

3．什么是螺柱焊？它有什么特点？

4．简述电弧螺柱焊的焊接过程。

§11-5　高能束焊及焊接机器人

一、填空题（将正确答案填在横线上）

1．电子束焊是指利用加速和聚焦的______________轰击置于真空或非真空中的焊件所产生的______________进行焊接的方法。

2．根据切割材料的机理不同，激光切割可分为________________、________________、____________________及____________________。

3．激光焊是以聚焦的激光束作为______________轰击焊件所产生的______________进行焊接的方法。

4．焊接机器人由__________、___________、___________、___________、___________、____________、____________、____________、____________、____________、_____________、_____________、____________等组成。

二、判断题（正确的打“√”，错误的打“×”）

1．电子束焊接时可以不开坡口，实现单道、大厚度焊接。（　　）

2．激光能切割金属、非金属、金属基和非金属基复合材料、皮革、木材及纤维等。（　　）

3．激光切割的不足之处是设备费用高，一次性投资大，现主要用于中、小厚度板材和管材的切割。（　　）

4．激光焊接时，功率密度高，加热集中，可获得深宽比小的焊缝。（　　）

5．焊接机器人的优点之一是生产效率高，在一天内可 24 h 连续生产。（　　）

三、选择题（将正确答案的代号填入括号内）

1．在下面几种焊接方法中，属于熔焊的是（　　）、（　　），属于压焊的是（　　）、（　　）、（　　）、（　　）。

A．真空电子束焊　　B．激光焊　　C．超声波焊

D．摩擦焊　　E．扩散焊　　F．爆炸焊

2．电子束焊时，电子束穿透能力强，焊缝深宽比可达（　　）。

A．1∶1.5　　B．1∶1.3　　C．50∶1

3．激光切割主要用于（　　）厚度板材和管材的切割。

A．极薄　　B．中、小　　C．大

四、名词解释

1．真空电子束焊

2．激光切割

3．激光焊

五、简答题

1. 真空电子束焊的原理是什么？它有什么特点？

2. 激光焊接的原理是什么？它有什么特点？

3. 激光切割的原理是什么？它有什么特点？

4．焊接机器人有哪些优点？

第十二章　常用金属材料的焊接

§12-1　金属的焊接性

一、填空题（将正确答案填在横线上）

1. 金属的焊接性包括________________和________________两方面内容。

2. 当碳当量为________________时，焊接性优良；当碳当量为________________时，焊接性一般；当碳当量为________________时，焊接性较差。

3. 影响金属焊接性的因素有________________、________________、________________、________________四个方面。

4. 评定焊接性的方法可分为________________和________________两类。

5. 目前应用最广泛的直接试验法是________________试验，适用于评价碳钢和低合金高强度结构钢焊接热影响区________________敏感性。

6. 用间接估算法评定焊接性，是对金属材料的________________、________________、________________及________________指标等进行分析与测定，从而推测被评估金属的焊接性，最常用的有________________法。

二、判断题（正确的打“√”，错误的打“×”）

1. 利用碳当量可以间接判断材料焊接性的好坏。（　　）

2. 碳当量数值越大，表示该种材料的焊接性越好。（　　）

3. 金属材料的焊接性与使用的焊接方法无关。（　　）

4. 碳当量法是评定材料焊接性的一种直接试验方法。（　　）

5. 碳当量的计算公式适用于一切金属材料。（　　）

6. 两种材料的碳当量数值相同，则其抗冷裂性能完全一样。（　　）

7. 金属的焊接性是一个相对概念，与材料、焊接方法、工艺、构件类型及使用要求等密切相关。（　　）

8. 碳当量只考虑了化学成分对焊接性的影响，而没有考虑其他因素对焊接性的影响，故碳当量法只是一个间接的估算焊接性的方法。（　　）

9. 进行斜 Y 形坡口焊接裂纹试验时，一般认为只要裂纹总长大于试验焊缝的 20%，在实际生产中就不会产生裂纹。（　　）

三、选择题（将正确答案的代号填入括号内）

1. 国际焊接学会推荐的碳当量公式是（　　）。

A．$C_E=w(C)+w(Mn)+w(Ni)+w(Cu)+w(Cr)$

B．$C_E=w(C)+\frac{w(Mn)}{6}+\frac{w(Ni)+w(Cu)}{15}+\frac{w(Cr)+w(Mo)+w(V)}{5}$

C．$C_E=w(C)+\frac{w(W)}{6}+w(Ni)+\frac{w(Al)}{15}+w(K)+w(Na)+\frac{w(Ca)}{5}$

2．碳当量可以用来评定钢材的（　　）。

A．焊接性　　B．塑性　　C．硬度

3．钢的碳当量越大，其（　　）敏感性也越大。

A．热裂　　B．冷裂　　C．抗气孔

4．斜 Y 形坡口焊接裂纹试验主要用来评定钢材的（　　）敏感性。

A．层状撕裂　　B．冷裂　　C．热裂

5．根据碳当量法，若某钢的碳当量数值为（　　），则焊接性优良。

A．0.32%　　B．0.45%　　C．0.63%

四、名词解释

1．焊接性

2．碳当量

五、简答 / 计算题

1. 简述各因素对金属焊接性的影响。

2．为什么说碳当量法只是一个近似的间接估算焊接性的方法？

3．已知 Q245R（20g）钢的化学成分含量分别如下：

w（C）=0.17% ~ 0.24%；w（Si）=0.17% ~ 0.37%；w（Mn）=0.35% ~ 0.65%；w（Cr）≤0.25%；w（Ni）≤0.25%。

试按国际焊接协会推荐的碳当量公式计算 Q245R 钢的碳当量，并评价该钢材的焊接性。

4．已知钢材 18MnMoNb（20g）的化学成分含量分别如下：

w（C）=0.17% ~ 0.23%；w（Mn）=1.35% ~ 1.65%；w（Mo）=0.45% ~ 0.65%；w（Si）=0.17% ~ 0.37%；w（Nb）=0.025% ~ 0.050%。

试按国际焊接协会推荐的碳当量公式计算其碳当量，并评价该钢材的焊接性。

§12-2 常用焊接工艺措施

一、填空题（将正确答案填在横线上）

1．焊前对焊件的________进行________的工艺措施称为预热，预热需要达到的温度叫作________。

2．道间温度又称________温度，是指在施焊________之前，其相邻焊道应保持的温度。道间温度不应________预热温度。

3．预热温度的选择应根据________、________、________、________、________、________、________等综合考虑。

4．常用的预热方法有________、________和________等。

5．后热的作用是________________，对于冷裂纹倾向较大的低合金高强度结构钢等材料采用一种专门的后热处理，称为________。

6．焊后热处理的作用是________、________、________________、________________、________________。

7．焊后热处理方法有________热处理和________热处理两种。

8．消氢处理是焊后立即将焊件加热到________℃的温度范围，保温________h后空冷。其目的是________________、________________、________________。

9．预热能降低焊件焊后________，对于易淬火钢可以减小________，防止产生________，还可减少由温差而造成的________。

二、判断题（正确的打“√”，错误的打“×”）

1．焊前预热的目的是提高焊缝的硬度。（　　）

2．焊缝后热的目的是提高焊缝的强度。（　　）

3．焊前预热的温度与母材的化学成分无关。（　　）

4．消氢处理的目的是减少焊缝和热影响区的含氢量，防止产生热裂纹。（　　）

5．后热又称焊后热处理。（　　）

6．消氢处理是在焊后立即将焊件加热到 250 ~ 350℃的温度范围，保温 2 ~ 6 h 后空冷。（　　）

7．焊前预热既可以防止产生热裂纹，又可以防止产生冷裂纹。（　　）

8．焊前预热有助于减小焊接应力。（　　）

9．所有要求进行焊后热处理的焊件都不需要做消氢处理。（　　）

10．一般焊接结构不需焊后热处理，但母材强度高、延迟裂纹倾向大的钢需进行焊后热处理。（　　）

11．焊接时，需要预热的材料焊接性较差，预热温度越高，焊接性越差。（　　）

三、选择题（将正确答案的代号填入括号内）

1．焊后为消除焊接残余应力，应采用（　　）的方法。

A．退火　　B．消氢处理　　C．后热

2．焊后立即将焊件加热到 250 ~ 350℃的温度范围，保温 2 ~ 6 h 后空冷的工艺措施是（　　）。

A．焊后热处理　　B．高温回火　　C．消氢处理

3．焊后热处理的作用是（　　）。

A．消除焊接应力　　B．减少焊接缺欠　　C．消氢

4．焊后把焊件加热到 600 ~ 650℃，保温一段时间，然后缓冷的工艺措施是（　　）。

A．后热　　B．正火　　C．消除应力退火

5．焊后热处理方法不包括（　　）。

A．后热　　B．消除应力退火　　C．均匀化处理

6．焊后若采用消氢处理或焊后热处理，则有利于防止（　　）的产生。

A．夹渣　　B．冷裂纹　　C．热裂纹

四、名词解释

1．预热

2．后热

3．焊后热处理

五、简答题

1．常用的焊接工艺措施有哪些?

2．什么情况下需要预热？如何选择预热温度?

3．后热的作用是什么？什么情况下需要后热?

4. 焊后热处理有什么作用？什么情况下需要进行焊后热处理？

§12-3 非合金钢的焊接

一、填空题（将正确答案填在横线上）

1. 碳钢的焊接性主要取决于________________，随着__________________的增加，焊接性逐渐变__________。

2. 中碳钢焊接时易出现的主要问题是______________________和________________________。

3. Q235 钢焊条电弧焊时，可选用__________________系列焊条；埋弧焊时，可选用______________焊丝配__________焊剂；CO_2 气体保护焊时，可选用_________焊丝。

4. 低碳钢焊前一般_________预热，焊后_________热处理。

5. 中碳钢焊接时，为了减小熔合比，应尽量开_________形坡口。

6. 中碳钢焊接时一般需要_______、__________________、______________，但若采用铬镍不锈钢焊条焊接时___________。

7. Q245R 钢焊条电弧焊时，可选用________________系列焊条；埋弧焊时，可选用_____________焊丝配____________________焊剂；CO_2 气体保护焊或 MAG 焊时，可选用___________焊丝。

8. 中碳钢 CO_2 气体保护焊或 MAG 焊时，可选用_____________、_____________焊丝。

二、判断题（正确的打“√”，错误的打“×”）

1. 焊接 20 钢时可选用 J422、J426、J427 等焊条。（　　）

2. 中碳钢因含碳量较高，强度比低碳钢高，焊接性也随之变好。（　　）

3. 焊接中碳钢时，要尽量采用抗裂性能较好的酸性焊条。（　　）

4．中碳钢焊接时采用小电流，焊接速度较慢，以减小熔合比，防止产生热裂纹。（ ）

5．由于低碳钢焊接性好，因此电渣焊接头焊后不必进行正火或正火加回火。（ ）

6．焊接低碳钢一般不需预热和焊后热处理，但在焊接厚件或刚度高、低温等条件下，需采取预热、焊后热处理等措施。（ ）

三、选择题（将正确答案的代号填入括号内）

1．Q235 钢焊条电弧焊时选用的焊条型号是（ ）。

A．E4303　　B．E5003　　C．E5516

2．Q235 钢埋弧焊时，应选用（ ）焊丝配焊剂 HJ431。

A．H08A　　B．H10Mn2　　C．H10MnSi

3．Q235 钢 CO_2 气体保护焊时，应选用型号为（ ）的焊丝。

A．ER50-6　　B．H08MnA　　C．H10MnSi

4．45 钢焊接时，一般预热温度为（ ）℃。

A．150 ~ 250　　B．50 ~ 150　　C．250 ~ 450

5．45 钢焊条电弧焊时选用的焊条型号是（ ）。

A．E5515　　B．E5003　　C．E4315

6．中碳钢焊接时采用的焊接工艺措施是（ ）。

A．小电流、慢速焊　　B．小电流、快速焊

C．大电流、慢速焊　　D．大电流、快速焊

四、简答题

1．简述低碳钢的焊接性及焊接工艺。

2. 中碳钢的焊接性如何？焊接时应采用哪些工艺措施？

§ 12-4 低合金高强度结构钢的焊接

一、填空题（将正确答案填在横线上）

1. 低合金高强度结构钢按屈服强度可分为__________、__________、__________、__________、__________、__________、__________、__________八级。

2. 低合金高强度结构钢焊接时的主要问题是__________和__________。

3. 低合金高强度结构钢随着强度等级的提高，产生冷裂纹的倾向__________。

4. Q355（16Mn）钢属于__________级的低合金高强度结构钢，焊条电弧焊时可采用__________型号的焊条；埋弧焊不开坡口时，可选用__________焊丝配合__________焊剂；中板开坡口时，可选用__________焊丝配合__________焊剂；对于厚板开坡口焊件可选用__________焊丝配合__________焊剂。

5．Q390（15MnV、15MnTi）属于__________级的低合金高强度结构钢，焊条电弧焊时可采用____________型号的焊条；埋弧焊不开坡口时，采用__________焊丝配合________焊剂；中板开坡口时，则需采用____________焊丝配合____________焊剂；对于厚板开坡口的焊件，可采用__________焊丝配合______________焊剂进行焊接。

6．焊接低合金高强度结构钢时容易产生的裂纹是___________，只有含硫量、含磷量偏高时才会产生________裂纹。

7．焊接低合金高强度结构钢时，出现粗晶区脆化的原因有两个，一是热输入过大时，____；二是热输入过小时，____。

8．低合金高强度结构钢一般按“等强”原则选择与母材________相当的焊接材料。

9．低合金高强度结构钢按质量等级可分为_________、_________、_________、_________、__________五级。

10．为防止热机械轧制钢热影响区出现___________现象，提高热影响区韧性，应采用较小的__________进行焊接。

二、判断题（正确的打“√”，错误的打“×”）

1．Q355（16Mn）钢具有良好的焊接性，其淬硬倾向比 Q235 钢稍小些。（　　）

2．几乎所有的焊接方法都能焊 Q355（16Mn）钢，但用 CO_2 气体保护焊焊接时，焊缝抗裂性能差。（　　）

3．低合金高强度结构钢强度等级越高，淬硬冷裂纹倾向越小。（　　）

4．低合金高强度结构钢产生热裂纹的可能性比冷裂纹小得多。（　　）

5．在其他条件相同时，低合金高强度结构钢随着碳当量增大，焊接预热温度应相应提高。（　　）

6．在其他条件相同时，低合金高强度结构钢随着板厚增大，焊接预热温度应相应降低。（　　）

7．低合金高强度结构钢焊后消氢处理是防止冷裂纹的有效措施之一。（　　）

8．焊接低合金高强度结构钢时，对于刚度高的结构，考虑焊缝的塑性和韧性，可选用比母材强度低一级的焊接材料。（　　）

9．低合金高强度结构钢焊后冷却速度越大，则淬硬倾向越小。（　　）

10．焊接 Q355 钢时可选用 E5003、E5016、E5015 型焊条。（　　）

11．焊接 Q390 钢时可选用 E5015 或 E5515-G 型焊条。（　　）

12．Q390 钢 CO_2 气体保护焊或 MAG 焊时可选用 ER50-6 型焊丝。（　　）

三、选择题（将正确答案的代号填入括号内）

1．Q355（16Mn）钢属于（　　）MPa 级的低合金高强度结构钢。

A．355　　B．453　　C．390

2．Q355（16Mn）钢焊条电弧焊时应选用的焊条型号是（　　）。

A．E4303　　B．E5015　　C．E5516

3．焊接低合金高强度结构钢时最易出现的焊接裂纹是（　　）。

A．热裂纹　　B．冷裂纹　　C．再热裂纹

4．Q420（15MnVN）钢属于（　　）MPa 级的低合金高强度结构钢。

A．390　　B．420　　C．460

5．焊接低合金高强度结构钢时最易出现的焊接缺欠是（　　）。

A．裂纹　　B．气孔　　C．未熔合

6．（　　）是防止低合金高强度结构钢产生冷裂纹、热裂纹，以及热影响区出现淬硬组织的最有效措施。

A．预热　　B．焊后热处理　　C．减小焊接热输入

7．屈服强度为 460 MPa 的钢是（　　）。

A．Q420　　B．Q460　　C．Q355

四、简答题

1．简述低合金高强度结构钢的焊接性。

2．Q355（16Mn）钢采用焊条电弧焊、埋弧焊、CO_2 气体保护焊时应分别选用什么焊接材料？其焊接工艺特点是什么？

3．焊接低合金高强度结构钢时应如何控制焊接热输入？

4．焊接低合金高强度结构钢时应如何选择焊接材料？

5．焊接低合金高强度结构钢时应如何确定预热及焊后热处理工艺？

§12-5 珠光体耐热钢的焊接

一、填空题（将正确答案填在横线上）

1. 高温下具有________________和________________的钢叫作耐热钢。

2. 焊接珠光体耐热钢时的主要问题是________________，易产生________________和________________。

3. 焊接珠光体耐热钢时，应选用与母材______________相同或相近的焊接材料。

4. 对珠光体耐热钢进行焊条电弧焊时，一般应选用______________________焊条，直流______________。

5. ____________是焊接珠光体耐热钢的重要工艺措施，同时应控制道间温度，使道间温度____________预热温度。

6. 珠光体耐热钢焊后热处理方法主要是______________。

7. 对珠光体耐热钢进行埋弧焊时，可选用与焊件化学成分___________________的焊丝配____________或____________焊剂进行焊接。

二、判断题（正确的打“√”，错误的打“×”）

1. 珠光体耐热钢是以铬、钼为主要合金元素的低合金钢。（　　）

2. 珠光体耐热钢中的铬是用来提高钢的高温强度的，钼是用来提高钢的高温抗氧化性的。（　　）

3. 焊接珠光体耐热钢时，必须根据等强度原则选择与母材强度等级相同的焊条。（　　）

4. 焊接珠光体耐热钢时，热影响区会出现淬硬组织，所以焊接性较差。（　　）

5. 为了提高珠光体耐热钢的抗氧化性能，一般珠光体耐热钢中的含碳量应小于0.45%。（　　）

6. 焊接小直径珠光体耐热钢管子时，较合适的方法是钨极氩弧焊。（　　）

7. 预热是焊接珠光体耐热钢的重要工艺措施。（　　）

8. 珠光体耐热钢不论是在定位焊或焊接过程中都应预热。（　　）

9. 由于珠光体耐热钢焊接热影响区淬硬倾向较大，故不宜采用电渣焊工艺。（　　）

10. 珠光体耐热钢焊后应立即进行低温回火。（　　）

11. 珠光体耐热钢钨极氩弧焊时可降低预热温度，有时也可以不预热。（　　）

12. 由于珠光体耐热钢中含有铬、钼、钒、钛等强碳化合物形成元素，因此具有一定的再热裂纹倾向。（　　）

三、选择题（将正确答案的代号填入括号内）

1. R307焊条是用来焊接（　　）的。

A．Q355　　B．06Cr19Ni10　　C．15CrMo

2．珠光体耐热钢焊后的热处理方式是（ ）。

A．淬火　　B．正火　　C．高温回火　　D．调质处理

3．12CrMo 钢焊条电弧焊时，应选用的焊条牌号是（ ）。

A．R207　　B．J507　　C．R307

4．12Cr1MoV 钢焊条电弧焊时，应选用的焊条型号是（ ）。

A．E5515-1CMV　　B．E5515-1CM　　C．E5515-1M3

5．采用（ ）焊接珠光体耐热钢时，焊前可不预热。

A．钨极氩弧焊　　B．焊条电弧焊　　C．埋弧焊

6．珠光体耐热钢焊条电弧焊时，应根据母材的（ ）选用焊条。

A．力学性能　　B．化学成分　　C．高温抗氧化性

四、简答题

1．简述珠光体耐热钢的焊接性。

2．焊接珠光体耐热钢时应如何选择焊接材料？

3．焊接珠光体耐热钢时应如何确定预热和焊后热处理工艺?

§12-6　低合金低温钢的焊接

一、填空题（将正确答案填在横线上）

1．低合金低温钢一般在____________℃温度范围内使用，按成分可分为____________和________________两大类。

2．对低温钢主要性能的要求是保证在使用温度下具有良好的__________________及抵抗____________破坏的能力。

3．低合金低温钢常用的焊接方法有______________、______________、______________和________________________等。

4．焊接 16MnDR 钢时可选用型号为________________、牌号为__________________的焊条。

5．低合金低温钢埋弧焊时，为降低焊缝金属的____________量，提高____________，应选用____________低的____________焊剂，通常选用高碱度的____________焊剂。

6．保证焊缝和过热区的低温____________是低温钢焊接时的关键技术。

二、判断题（正确的打“√”，错误的打“×”）

1．为保证低温韧性，在低温钢中应尽量降低含碳量，并严格限制硫、磷的含量。(　　)

2．由于低合金低温钢含碳量低，合金元素含量也不高，淬硬、冷裂倾向较小，焊接性较好。(　　)

3．低合金低温钢焊接时应采用小的热输入，焊条电弧焊热输入应控制在 45 kJ/mm 以下。(　　)

4．低温钢是以钢材的屈服强度进行分级的。(　　)

5．焊条牌号 W707 中的“W”表示低温钢焊接用焊条。(　　)

6．低合金低温钢采用多层多道焊时，可通过多道焊后续焊道的重热作用细化晶粒。（　　）

7．焊接低合金低温钢时，焊条尽量横向摆动，采用宽焊道，快速焊。（　　）

8．焊接低合金低温钢时，要严格控制道间温度（层间温度），以减轻焊道过热，一般道间温度应不低于 300℃。（　　）

三、选择题（将正确答案的代号填入括号内）

1．16MnDR 钢焊条电弧焊时焊条牌号应选用（　　）。

A．J507RH　　B．W607　　C．W707

2．16MnDR 钢的最低使用温度是（　　）℃。

A．−40　　B．−50　　C．−60

3．16MnDR 钢埋弧焊时，应选用（　　）焊剂配 H10Mn2A 焊丝。

A．SJ101　　B．HJ431　　C．HJ250

4．焊接低合金低温钢时，最重要的是保证焊缝和过热区的低温韧性，为此常采用的工艺措施是（　　）和（　　）。

A．小电流　　B．大电流　　C．慢速焊　　D．焊条不摆动

5．15MnNiDR 钢焊条电弧焊时应选用的焊条型号为（　　）。

A．E5015−G　　B．E5515−N5　　C．E5015−N7

四、简答题

1．简述低合金低温钢的焊接性。

2. 低合金低温钢的焊接工艺措施有哪些？

3. 低合金低温钢埋弧焊时应如何选择焊丝和焊剂？

§ 12-7　不锈钢的焊接

一、填空题（将正确答案填在横线上）

1. 以＿＿＿＿＿＿、＿＿＿＿＿＿为主要特性，且含铬量至少为＿＿＿＿＿＿%，含碳量最大不超过＿＿＿＿＿% 的钢，称为不锈钢。

2. 不锈钢按室温组织不同，可分为＿＿＿＿＿＿＿＿＿＿＿＿、＿＿＿＿＿＿＿＿＿＿、＿＿＿＿＿＿＿＿、＿＿＿＿＿＿＿＿＿＿＿＿＿＿＿、＿＿＿＿＿＿＿＿＿＿五类，其中＿＿＿＿＿＿＿＿＿＿＿在生产中应用最广泛。

3. 奥氏体型不锈钢最危险的一种破坏形式是＿＿＿＿＿＿＿＿＿，它既可产生在焊缝或热影响区，又可产生在熔合线附近，如产生在熔合线附近又称为＿＿＿＿＿＿＿＿＿＿＿＿。

4. 不锈钢具有耐腐蚀能力的必要条件是含铬量大于＿＿＿＿＿＿%，否则就会失去耐腐蚀能力；07Cr19N11Ti 的含铬量为＿＿＿＿＿＿＿%，故具有良好的耐腐蚀能力。

5. 不锈复合钢板是由＿＿＿＿＿＿＿＿＿＿和＿＿＿＿＿＿＿＿＿＿＿＿＿＿＿＿复

合而成的双金属板，其中前者常用的焊接材料是______________________________，后者常用的焊接材料是______________________________。

6．奥氏体型不锈钢采用焊条电弧焊多层焊时，每焊完一层都要彻底清除焊渣，并要等前层焊缝冷却到__________℃后再焊下一层焊缝。

7．不锈复合钢板装配时必须以__________为基准对齐。

8．不锈复合钢板焊接时，一般先焊______________，后焊________________，最后焊__________。

9．焊接奥氏体型不锈钢时，如焊接材料选用不当或焊接工艺不正确，会产生________、______________和______________。

10．应力腐蚀开裂是在______________和____________共同作用下发生的一种破坏形式。

11．06Cr19Ni10 钢焊条电弧焊时应选用__________型号焊条，其牌号为__________；氩弧焊时可选用______________焊丝；埋弧焊时可选用________________焊丝配合______________________焊剂。

12．07Cr19Ni11Ti 钢焊条电弧焊时应选用牌号为______________、型号为________________的焊条；氩弧焊时可选用______________焊丝；埋弧焊时可选用__________焊丝配合______________________焊剂。

13．不锈复合钢板基层满足____________________、____________要求，覆层满足____________要求。

二、判断题（正确的打“√”，错误的打“×”）

1．不锈钢中的铬是提高耐腐蚀性最主要的一种元素，该元素的含量只有小于 10.5% 时才具有耐腐蚀性。（　　）

2．06Cr18Ni11Ti 属于奥氏体型不锈钢。（　　）

3．奥氏体型不锈钢、马氏体型不锈钢、铁素体型不锈钢都不能通过热处理的方法来提高强度和硬度。（　　）

4．在奥氏体型不锈钢中加入 Ti 和 Nb 等的目的是防止晶间腐蚀。（　　）

5．用焊条焊接奥氏体型不锈钢时，药皮易发红是因为奥氏体型不锈钢焊芯具有较大的电阻。（　　）

6．奥氏体加铁素体双相组织抗晶间腐蚀的能力要比单相奥氏体强。（　　）

7．焊缝中含碳量越多，产生晶间腐蚀的倾向越小。（　　）

8．07Cr19Ni11Ti 中的钛可以起到防止晶间腐蚀的作用。（　　）

9．奥氏体型不锈钢的焊接接头经过固溶处理后，即使再在危险温度区内工作，也不会产生晶间腐蚀。（　　）

10．双相组织的焊缝不仅具有较高的抗晶间腐蚀能力，同时还具有较高的抗热裂纹能力。（　　）

11．在奥氏体加铁素体双相组织中，铁素体越多越好。（　　）

12．预热是防止奥氏体型不锈钢焊缝中产生热裂纹的主要措施。（　　）

13．与腐蚀介质接触的奥氏体型不锈钢焊缝应最先焊接。 （ ）

14．奥氏体型不锈钢焊件多层焊时，层间温度越高越好。 （ ）

15．同直径的奥氏体型不锈钢焊条的焊接电流要比低碳钢焊条的焊接电流小 20% 左右。 （ ）

16．小电流、快速焊是焊接奥氏体型不锈钢的主要焊接工艺。 （ ）

17．不锈复合钢板装配定位时，不允许用基层焊条在覆层上定位焊，但覆层焊条可在基层上定位焊。 （ ）

18．奥氏体型不锈钢 07Cr19Ni11Ti 埋弧焊时，应选用 H08Cr19Ni10Ti 焊丝配焊剂 HJ260。 （ ）

19．奥氏体型不锈钢采用气体保护焊或埋弧焊时，应选用铬、镍含量比母材稍低的焊丝。 （ ）

20．采用钨极氩弧焊焊接的奥氏体型不锈钢焊接接头具有良好的力学性能。 （ ）

21．奥氏体型不锈钢焊接接头进行均匀化处理的目的是消除焊接残余应力。 （ ）

22．奥氏体型不锈钢采用焊条电弧焊时，焊条要做横向摆动，以加快其冷却速度。 （ ）

23．焊接奥氏体型不锈钢时，应根据母材的化学成分，选用与母材化学成分类型相同的奥氏体型不锈钢焊条。 （ ）

24．焊接奥氏体型不锈钢时可以在坡口之外的焊件表面引弧。 （ ）

三、选择题（将正确答案的代号填入括号内）

1．20Cr13 属于（ ）型不锈钢，10Cr17 属于（ ）型不锈钢，06Cr19Ni10 属于（ ）型不锈钢。

A．马氏体 B．奥氏体 C．铁素体

2．焊接奥氏体型不锈钢采用低碳焊丝的目的是（ ）。

A．防止热裂纹 B．防止晶间腐蚀 C．防止气孔

3．不锈钢中的碳很容易与铬结合生成碳化铬，降低有效含铬量，使不锈钢焊后（ ）性能下降。

A．抗晶间腐蚀 B．化学稳定性 C．物理 D．抗氧化

4．不锈钢产生晶间腐蚀的危险温度区是（ ）℃。

A．150 ~ 170 B．250 ~ 400 C．450 ~ 850 D．850 ~ 1 050

5．超低碳不锈钢中的含碳量应小于（ ）。

A．0.01% B．0.03% C．0.02% D．0.04%

6．奥氏体型不锈钢焊接接头的贫铬区是指含铬量小于（ ）。

A．6% B．10.5% C．18% D．24%

7．奥氏体型不锈钢焊后采用（ ），可提高焊缝抗晶间腐蚀能力。

A．固溶处理或均匀化处理 B．正火

C．回火 D．淬火 + 回火

8．奥氏体型不锈钢进行均匀化处理的加热温度是（ ）℃。

A．450 ~ 850 B．850 ~ 900 C．950 ~ 1 000

9．07Cr19Ni11Ti 与 Q235 不锈复合钢板焊接时，基层应选用（　　）焊条，覆层应选用（　　）焊条，过渡层应选用（　　）焊条。

A．E4303　　B．E309–16　　C．E347–16　　D．E5015

10．奥氏体型不锈钢焊接时，对于同样直径的焊条，焊接电流值应比低碳钢焊条低（　　）左右。

A．5%　　B．10%　　C．20%

11．06Cr18Ni11Ti 焊条电弧焊时焊条应选用的牌号是（　　）。

A．A132　　B．A102　　C．A402

12．12Cr18Ni9 焊条电弧焊时应选用型号为（　　）的焊条。

A．E308–15　　B．E310–15　　C．E347–15

四、名词解释

1．不锈钢

2．晶间腐蚀

3．固溶处理

4．均匀化处理

5．刀状腐蚀

6．危险温度区

7．贫铬区

五、简答题

1．试述奥氏体型不锈钢的焊接性。

2．奥氏体型不锈钢产生晶间腐蚀的原因是什么？防止措施有哪些？

3．奥氏体型不锈钢产生热裂纹的原因是什么？防止措施有哪些？

4．奥氏体型不锈钢产生应力腐蚀开裂的原因是什么？防止措施有哪些？

5．简述不锈复合钢板的焊接性。

6．简述不锈复合钢板的焊接工艺。

§ 12-8　铸铁的焊补

一、填空题（将正确答案填在横线上）

1．铸铁按照碳在组织中存在的形式不同，主要分为____________、______________、______________和______________。

2．焊接灰铸铁时易出现的问题是__________________和______________________。

3．灰铸铁焊件在坡口两侧拧入钢质螺钉的目的是____，这种工艺称为__________________。

4．焊条电弧焊焊补灰铸铁时，按照焊件在焊前是否预热可分为____________________、____________________和____________________。

5．焊接灰铸铁产生白口组织的原因是__________________和______________________，防止方法是____________________________和______________________。

6．气焊火焰温度比电弧温度____________，因而焊件的加热和冷却比较____________，这对防止灰铸铁在焊接时产生______________和______________有利。

二、判断题（正确的打"√"，错误的打"×"）

1．焊前预热和焊后缓冷是焊接灰铸铁时防止产生白口组织和裂纹的主要工艺措施。（　　）

2．焊接灰铸铁时，必须保证焊缝具有与母材相同的化学成分。（　　）

3．灰铸铁是一种焊接性较差的材料。（　　）

4．焊补铸铁件上的裂纹时，一定要在裂纹两端钻止裂孔，以防止焊补时裂纹的延伸。（　　）

5．热焊灰铸铁的焊条型号是 EZNiFe（Z308）。（　　）

6．碳和硅是强烈促进石墨化的元素，所以在铸铁焊缝中应尽量限制其含量。（　　）

7．减小熔合比是焊接灰铸铁时防止形成裂纹的工艺措施之一。（　　）

8．冷焊灰铸铁的方法是长段、连续、集中焊。（　　）

9．冷焊法常采用非铸铁组织焊条。（　　）

10．冷焊法焊接灰铸铁时，层间不允许用小锤锤击焊缝，以免产生冷裂纹。（　　）

11．EZNiFe（Z408）是镍铁铸铁焊条。（　　）

12．气焊灰铸铁时一般用氧化焰。（　　）

13．短段焊、断续焊、分散焊等是焊条电弧焊热焊灰铸铁的工艺措施之一。（　　）

三、选择题（将正确答案的代号填入括号内）

1．白口组织是（　　）焊接时最易产生的缺欠之一。

A．奥氏体型不锈钢　　B．灰铸铁

C．铝及铝合金　　D．普通低碳钢

2. 焊条电弧焊冷焊铸铁时往往在熔合区产生白口组织，产生的原因是（ ）和（ ）。

A. 焊缝金属冷却速度太快　　B. 电弧温度太高

C. 焊条中石墨化元素不足　　D. 焊接速度太快

3. 焊接铸铁时，为避免在焊缝中产生（ ），常在铸铁焊条中加入较多的碳和硅元素。

A. 白口组织　　B. 气孔　　C. 裂纹　　D. 未焊透

4. 灰铸铁热焊的加热温度是（ ）℃。

A. 250 ~ 400　　B. 900 ~ 1 000　　C. 600 ~ 700

5. EZNi（Z308）焊条的焊芯材料是（ ）。

A. 纯镍　　B. 镍铁　　C. 镍铜

6. 铸铁气焊熔剂的牌号是（ ）。

A. CJ201　　B. CJ301　　C. CJ101

7. 焊接灰铸铁时采用栽丝焊工艺的目的是（ ）。

A. 防止产生剥离裂纹　　B. 防止出现气孔

C. 防止产生白口组织

8. 灰铸铁半热焊的预热温度是（ ）℃。

A. 300 ~ 400　　B. 600 ~ 700　　C. 100 ~ 150

四、简答题

1. 简述灰铸铁的焊接性。

2．焊补灰铸铁产生白口组织和裂纹的原因是什么？防止措施有哪些？

3．什么是灰铸铁焊补的热焊法？其工艺有什么特点？

4．什么是灰铸铁焊补的冷焊法？电弧冷焊工艺要点是什么？

5. 灰铸铁冷焊常采用哪些异质焊接材料？

§12-9 铝及铝合金的焊接

一、填空题（将正确答案填在横线上）

1. 根据合金化系列，铝及铝合金可分为________、________、________、________、________、________、________和________八类。

2. 铝及铝合金按强化方式不同可分为________和________；按成材方式不同，可分为________和________。

3. 铝及铝合金焊接时的主要问题是________、________、________、________、________。

4. 铝及铝合金焊接时，焊缝中易产生________气孔。

5. 铝及铝合金焊接时，熔池表面生成的氧化铝薄膜熔点高达________℃，比铝及铝合金的熔点________℃高出很多，会妨碍焊接过程进行。

6. 焊接铝及铝合金常用的方法有________、________、________、________、________、________和________等。

7. 铝及铝合金气焊火焰一般选用________或________。

二、判断题（正确的打“√”，错误的打“×”）

1. 由于铝及铝合金导热性较差，熔池冷却速度快，所以焊接时产生气孔的倾向不大。（　　）

2. 铝及铝合金焊前要仔细清理焊件表面，其主要目的是防止产生气孔。（　　）

3. 手工钨极氩弧焊焊接铝及铝合金时常采用交流电源。（　　）

4. 为了利用氩离子阴极破碎作用，铝及铝合金氩弧焊时应采用直流正接。（　　）

5. 焊接铝及铝合金时，熔池表面生成的氧化铝薄膜能保护熔池不受空气侵入，所以对提高焊接质量有好处。（　　）

6. 由于铝及铝合金的熔点低，因此焊前一律不用预热。（　　）

7. 焊接铝及铝合金时，焊前预热是为了防止产生冷裂纹。（　　）

8. 铝及铝合金由固态转变成液态时，没有显著的颜色变化，所以不易判断熔池的温度，焊接时易导致烧穿。（　　）

9．铝及铝合金焊接时会产生较大的焊接应力，所以焊接时易产生热裂纹。（　　）

三、选择题（将正确答案的代号填入括号内）

1．焊接铝硅合金用的焊丝牌号是（　　）。

A．HS331　　B．HS301　　C．HS311　　D．HS321

2．铝及铝合金采用直流钨极氩弧焊时不宜使用直流正接，其原因是（　　）。

A．避免钨极损耗过大　　B．容易产生气孔

C．工件表面没有阴极破碎作用　　D．飞溅大

3．铝及铝合金气焊熔剂的牌号是（　　）。

A．CJ201　　B．CJ301　　C．CJ401

4．焊接铝及铝合金时焊缝易产生（　　）气孔。

A．H_2　　B．CO　　C．N_2

5．铝及铝合金焊件及焊丝清理后应及时装配及焊接，一般清理后的焊丝或焊件存放时间应不超过（　　）h。

A．24　　B．4　　C．12

6．铝及铝合金焊件及焊丝清理后，在潮湿条件下，应在（　　）h 内进行焊接。

A．4　　B．12　　C．36

7．熔化极氩弧焊焊接铝及铝合金时采用的电源是（　　）。

A．直流反接　　B．直流正接　　C．交流

8．铝及铝合金焊接时，焊缝易产生（　　）。

A．热裂纹　　B．再热裂纹　　C．冷裂纹

四、简答题

1．简述铝及铝合金的焊接性。

2．简述铝及铝合金焊前清理和焊后清理的要点。

3．铝及铝合金焊接时应如何选用氩弧焊方法？

4．铝及铝合金气焊时应选用什么焊接材料？

§12-10　铜及铜合金的焊接

一、填空题（将正确答案填在横线上）

1．铜及铜合金根据所含的合金元素不同，可分为__________、__________、__________和__________四大类。

2．铜及铜合金焊接时的主要问题是__________、__________、__________、__________。

3．焊接黄铜时，焊接区周围的一层白色烟雾是______的蒸气。

4．铜及铜合金常用的焊接方法有__________、__________、__________、__________、__________、__________和__________等，其中__________和__________应用最广泛。

二、判断题（正确的打“√”，错误的打“×”）

1．纯铜一般不宜用氩弧焊进行焊接。（　　）

2．铜及铜合金是焊接性良好的金属，焊接时不必采取特殊的工艺措施就能获得质量满意的焊接接头。（　　）

3．铜的氧化是焊接铜及铜合金的主要问题。（　　）

4．焊接铜及铜合金时，焊缝中形成气孔的气体是氢和一氧化碳。（　　）

5．焊接铜及铜合金时，铜的氧化产物氧化亚铜可以起到防止热裂纹的作用。（　　）

6．铜及铜合金中的铋、铅等有利于防止产生热裂纹。（　　）

7．黄铜焊接时的困难之一是锌的蒸发和氧化。（　　）

8．纯铜焊条电弧焊时，电源应采用直流正极性。（　　）

9．铜及铜合金的焊接方法很多，熔焊是应用最广泛、最易实现的工艺方法。（　　）

10．纯铜气焊时，采用轻微的氧化焰及含硅焊丝的目的是使熔池表面覆盖一层氧化硅薄膜，防止锌的蒸发。（　　）

三、选择题（将正确答案的代号填入括号内）

1．焊接黄铜时，为阻碍锌的蒸发和氧化，常在焊丝中加入（　　）元素。

A．锡　　B．铝　　C．硅　　D．锰

2．铜及铜合金气焊熔剂的牌号是（　　）。

A．CJ201　　B．CJ301　　C．CJ401

3．黄铜焊条电弧焊时应采用的焊接电源及极性是（　　）。

A．直流反接　　B．直流正接　　C．交流

4．钨极氩弧焊焊接纯铜时应采用的焊接电源及极性是（　　）。

A．直流反接　　B．直流正接　　C．交流

5. 焊接纯铜时，母材和填充金属难熔合的原因是（　　）。

A. 导热性好　　B. 导电性好　　C. 熔点高

6. 焊接纯铜时常采用功率大、热量集中的热源，同时焊前还要采取预热措施的原因是（　　）。

A. 纯铜导热性好，难熔合

B. 防止产生冷裂纹

C. 提高焊接接头强度

7. 纯铜气焊时要求使用（　　）。

A. 氧化焰　　B. 碳化焰　　C. 中性焰

8. 黄铜气焊时要求使用（　　）。

A. 碳化焰　　B. 氧化焰　　C. 中性焰

四、简答题

1. 简述铜及铜合金的焊接性。

2．简述纯铜和黄铜的气焊工艺。

3．简述纯铜和黄铜的焊条电弧焊工艺。

4．如何进行纯铜和黄铜的氩弧焊?

§12-11　钛及钛合金的焊接

一、填空题（将正确答案填在横线上）

1. 工业纯钛的牌号有________、________、________等，顺序号越大，______越多。

2. 钛及钛合金按室温组织状态分为____________、________和________三类。

3. 钛及钛合金焊接时的主要问题是____________、__________、______和______________。

4. 在钛及钛合金焊缝中形成的气孔主要是________和__________。

5. 钛及钛合金常用的焊接方法有__________、______________、____________、电阻焊、钎焊、激光焊等。

二、判断题（正确的打"√"，错误的打"×"）

1. 按室温平衡组织分，钛合金可分为α钛合金、β钛合金和α+β钛合金三类。（　　）

2. α钛合金、β钛合金和α+β钛合金的牌号分别为TA、TB和TC。（　　）

3. 钛合金最大的优点是比强度大（即强度大而质量轻）。（　　）

4. 钛合金焊接时焊缝容易产生热裂纹。（　　）

5. 钛合金的焊接方法很多，气焊、焊条电弧焊、埋弧焊、氩弧焊、真空电子束焊等都能得到很好的焊接质量。（　　）

6. 钛合金钨极氩弧焊时，喷嘴加拖罩的目的是加强对焊缝的保护。（　　）

三、选择题（将正确答案的代号填入括号内）

1. 在高温下钛与（　　）反应速度较快，使焊接接头塑性降低，特别是韧性大大降低，引起脆化。

A. 氧、氮、氢　　B. 氢、氮　　C. 氧、氢

2. 为了防止钛合金在高温下吸收氧、氢、氮，熔化焊时需要采取（　　）保护措施。

A. 惰性气体　　B. 焊剂　　C. 特殊药皮

3. 钛合金钨极氩弧焊时需要采用（　　）的特殊保护措施。

A. 小直径喷嘴　　B. 喷嘴加拖罩　　C. 背面充氩气

4. 焊接钛及钛合金时常用的焊接方法是（　　）。

A. CO_2焊　　B. 氩弧焊　　C. 焊条电弧焊

5. 钛及钛合金采用氩弧焊工艺时，对氩气的纯度要求高。焊枪上要采用拖罩，以便对焊缝正面、反面及其附近（　　）℃以上高温区进行保护。

A. 200　　B. 600　　C. 400

四、简答题

1．简述钛及钛合金的焊接性。

2．简述钛及钛合金的钨极氩弧焊工艺。

3．钛及钛合金钨极氩弧焊时如何进行保护？

第十三章　焊接缺欠及检验

§13-1　焊接缺欠分析

一、填空题（将正确答案填在横线上）

1．焊缝的内部缺欠有__________、__________、__________、__________、__________等。

2．焊缝的外部缺欠有__________、__________、__________、__________、__________、__________、__________等。

3．咬边不仅减小了母材的有效面积，降低了焊接接头强度，并且在咬边处受载易形成__________，容易引发裂纹。

4．焊接接头产生咬边的原因主要是__________过大以及__________不合适；角焊时焊条角度或__________不适当；埋弧焊时__________过快等。

5．焊瘤不仅影响焊缝的成形，而且在焊瘤的部位往往还存在__________和__________缺欠。

6．焊接结构中，焊接缺欠的危害主要有__________和__________两个方面。危害性最大的缺欠是__________和__________等。

7．焊缝形状和尺寸不符合要求主要表现在__________、__________、__________、__________、__________等方面。

8．焊缝余高太高，使焊缝与母材交界处突变，容易形成__________。

9．凹坑是焊后在焊缝__________或__________形成的低于母材表面的局部低洼部分。弧坑是在__________处产生的下陷部分。

10．弧坑使焊缝的有效断面积减小，削弱了焊缝__________，由于杂质的集中，还会产生__________裂纹。

11．下塌是指单面熔焊时，焊缝金属过量透过背面，使焊缝正面__________、背面凸起的现象。

12．烧穿是在焊接过程中，熔化金属自坡口背面流出，形成__________的缺欠。

13．未焊透是焊接时接头根部未完全__________的现象，对于对接焊缝，也指__________未达到设计要求的现象。根据未焊透产生的部位，可分为__________、__________、__________和__________等。

14．未焊透产生的原因主要是__________过大，__________角度太小，装配间隙__________，焊接电流__________，焊接速度过快等。

15．熔焊时，焊道与母材之间或焊道与焊道之间未完全__________结合的部分称为未熔合。未熔合直接降低了焊接接头的____________性能，严重的未熔合会使焊接结构无法承载。

16. 焊后残留在焊缝中的熔渣叫作____________________。进行钨极惰性气体保护焊时，由钨极进入焊缝中的钨粒称为____________。

17. 容易在焊缝中形成气孔的主要气体是__________、_________和____________。

18. 气孔按其形状不同可分为________、____________、_____________等；按其分布可分为________________、________、_______________等；按其产生部位可分为________________和________________。

19. 气孔的存在会削弱焊缝的________________，造成________________，降低焊缝金属的_____________，尤其是______________和__________________降低得更为显著。

20. 采用直流弧焊电源时，选择______________极性可减少气孔的形成。

21. 焊接裂纹按其产生的温度和原因不同，可分为____________、_____________、_____________等。

22. 产生冷裂纹的主要原因有三个方面，即_____________、__________________、__________________________。

23. ___________裂纹在裂纹断面上可以出现明显的氧化色彩，从晶体结构上看都发生在晶界。

24. 重要的焊接结构应采用_______焊条或焊剂，这样可以有效地控制有害杂质，防止热裂纹的产生或降低产生热裂纹的倾向。

25. 氢对焊接区的危害，除产生气孔外，主要是在热影响区产生_________________。

二、判断题（正确的打“√”，错误的打“×”）

1. 焊缝的余高越高，则连接强度越高，因此余高越高越好。（ ）

2. 冷裂纹主要发生在中碳钢、高碳钢、低合金或中合金高强度钢中。（ ）

3. 焊前预热、焊后缓冷可防止产生热裂纹和冷裂纹。（ ）

4. 焊接裂纹是焊接结构中最危险的一种焊接缺欠。（ ）

5. 选择合适的焊接参数，适当提高焊缝成形系数，采用多层多道焊法，能防止热裂纹的产生。（ ）

6. 为了防止产生冷裂纹，必须设法增加拉应力与应变集中。（ ）

7. 在焊接过程中，母材的淬硬倾向越大，焊接接头越易产生冷裂纹。（ ）

8. 焊缝余高太高，易在焊趾处产生应力集中，所以余高不能太高，但也不能低于母材金属。（ ）

9. 焊前对施焊部位进行除污、除锈等是为了防止产生夹渣、气孔等缺欠。（ ）

10. 气孔是在焊接过程中，熔池中的气泡在凝固时未能逸出而残留下来所形成的空穴。（ ）

11. 咬边是由于填充金属不足，在焊缝表面形成的连续或断续的沟槽。（ ）

12. 延迟一段时间（几小时、几天、甚至更长）出现的冷裂纹叫作延迟裂纹。（ ）

13. 热裂纹主要是由氢引起的。（ ）

14. 弧坑仅是在焊道末端产生的凹陷，所以是一种没有危险的缺欠。 ( )

15. 立焊时焊缝表面不容易产生焊瘤。 ( )

16. 咬边的主要危害是在咬边处会引起应力集中。 ( )

17. 焊缝高低不平、宽窄不均匀及角焊缝焊脚大小不一等现象不属于焊接缺欠。( )

18. 坡口钝边过大，坡口角度太小，焊接时易产生未焊透缺欠。 ( )

19. 未熔合是指熔焊时焊道与母材之间或焊道与焊道之间未完全熔化结合。 ( )

20. 焊条严格按规定烘干，选用碱性低氢型焊条，是防止冷裂纹的措施。 ( )

三、选择题（将正确答案的代号填入括号内）

1. 焊条电弧焊焊缝出现气孔的原因是（ ）。

A. 焊接电弧过长　B. 坡口角度大　C. 焊接间隙大

2. 焊条电弧焊时采取（ ）的措施可以减少气孔的产生。

A. 减小焊接电流　B. 增大焊接速度　C. 严格烘干焊条

3. 在多层焊或多层多道焊时，若在焊层之间清理不干净或运条不当时，则焊缝容易产生（ ）。

A. 气孔　B. 夹渣　C. 咬边

4.（ ）将会产生烧穿。

A. 焊接速度太快　B. 坡口钝边太大

C. 焊接电流太大　D. 焊件装配间隙太小

5. 焊件的坡口钝边若太大，在焊接时易产生（ ）。

A. 焊瘤　B. 夹渣　C. 咬边　D. 未焊透

6. 在焊道与母材之间或焊道与焊道之间未完全熔化结合的部分是（ ）。

A. 未焊满　B. 未熔合　C. 咬边　D. 未焊透

7. 焊接时接头根部未完全熔透的现象是（ ）。

A. 未焊满　B. 未熔合　C. 凹陷　D. 未焊透

8. 焊缝中的夹钨是由于（ ）造成的。

A. 焊接电流过小　B. 钨极直径过大

C. 采用接触法引弧

9. 在焊接一些厚度较大、焊接接头冷却较快、母材金属淬硬倾向较大的焊件时，焊缝容易产生（ ）。

A. 气孔　B. 冷裂纹　C. 咬边　D. 夹渣

10. 改善焊接结构的应力状态，降低焊接应力是防止产生（ ）的措施。

A. 未焊透　B. 冷裂纹　C. 气孔

11. 若母材中的硫、磷含量较高，则焊缝容易产生（ ）。

A. 气孔　B. 冷裂纹　C. 热裂纹　D. 夹渣

12. 在焊接过程中，熔化金属流淌到焊缝之外未熔化的母材上所形成的金属瘤称为（ ）。

A. 焊瘤　B. 烧穿　C. 下塌

四、名词解释

1．应力集中

2．咬边

3．未焊透

4．未熔合

5．气孔

6．裂纹

五、简答题

1．什么是焊接缺欠？焊接缺欠有什么危害？

2. 热裂纹有什么特点？产生的原因是什么？防止措施有哪些？

3. 冷裂纹有什么特点？产生的原因是什么？防止措施有哪些？

4．气孔产生的原因是什么？防止措施有哪些？

5．未焊透、未熔合产生的原因是什么？防止措施各有哪些？

6．夹渣产生的原因是什么？防止措施有哪些？

7．什么是夹钨？夹钨产生的原因是什么？防止措施有哪些？

8．咬边有什么危害？产生的原因是什么？防止措施有哪些？

9．焊瘤产生的原因是什么？防止措施有哪些？

§13-2 焊接质量检验

一、填空题（将正确答案填在横线上）

1. 焊接质量检验按其过程可分为____________、__________________________和______________三个阶段。

2. 焊接检验的方法很多，可分为______________和__________________两大类。

3. 通过焊接接头的拉伸试验，可以测定焊接接头或焊缝金属的__________________、__________________、__________________和_____________________等力学性能指标。拉伸试样一般有_____________________、_________________________和____________________三种。

4. 破坏性检验方法包括____________、__________________、_____________、_____________等。

5. 无损检验方法包括______________、________________、_____________、____等。

6. 磁粉探伤主要用来检查焊缝的__________________等缺欠，是利用____现象进行检验的。

7. 射线探伤是利用射线检验焊缝___________缺欠的方法，是通过对底片上的影像观察分析，来判断缺欠的__________、____________、__________和__________。

8. 力学性能试验包括___________、____________________、____________、________________等。

9. 密封性检验是用来检查有无___________、______________和____________、_____________等现象的试验，常用的检验方法有____________、____________等。

10. 无损探伤检验方法包括____________________、____________________、__________________、__________________等。

11. 焊接接头的外观检验主要是检验焊接接头的__________缺欠。

12. 焊缝的化学分析是指检查焊缝金属的____________________，一般常规分析需试样______________g，经常被分析的元素有_____________、_____________、__________、____________和____________等。

13. 金相检验包括________________和__________________两大类。

14. 水压试验用来检验焊接接头的____________和________。试验压力一般为产品工作压力的______________倍。

15. 焊缝和焊接接头的腐蚀破坏形式有________________、_________________、_____________、________________、________________、________________、_____________和_______________等，常用的腐蚀试验方法有________________、______________、________________、________________、________________等。

16. 气压试验用于检验在压力下工作的焊接容器与管道的焊缝________和________。

二、判断题（正确的打“√”，错误的打“×”）

1．对焊接质量的检验，就是对成品焊接缺欠的检验。（　　）

2．外观检查是常用的、简单的检验方法，以肉眼观察为主。（　　）

3．力学性能试验属于破坏性检验，硬度试验属于非破坏性检验。（　　）

4．气压试验和水压试验一样可以用来检验焊缝的致密性和受压元件的强度。（　　）

5．磁粉探伤、着色探伤、荧光探伤都能检查所有材料的焊接表面缺欠。（　　）

6．冲击试验用来测定焊缝金属或焊接热影响区在受冲击载荷时抵抗折断的能力。（　　）

7．低碳钢材料进行水压试验时，其水温一般高于25℃。（　　）

8．弯曲试验的目的是测定焊接接头的强度。（　　）

9．由于超声波探伤对人体有害，从而限制了超声波检验的推广和应用。（　　）

10．用磁粉探伤时，对于内部和外部都无缺欠的焊件来说，磁感线在焊缝中的分布是不均匀的。（　　）

11．射线探伤评定焊缝质量按国家标准分为四级，其中Ⅰ级焊接缺欠最小，质量最好。（　　）

12．X射线探伤底片上出现圆形或椭圆形黑点，黑度在中心处较大，并均匀地向边缘减少，且分布不一致，有密集的，也有单个的，这种焊接缺欠是夹渣。（　　）

13．在射线探伤的底片上，一条淡色影像就是焊缝，在焊缝部位中显示的深色条纹或斑点就是焊接缺欠。（　　）

14．在射线探伤的底片上，裂纹一般呈带曲折的黑色细条纹，两端尖细，中部稍宽。（　　）

15．微观金相检验是用肉眼或低倍放大镜直接进行观察和检查的。（　　）

16．外观检验的主要目的是检查焊接接头的内部缺欠。（　　）

17．Ⅰ级焊缝和Ⅱ级焊缝中不允许存在条状夹渣。（　　）

18．不开坡口对接焊缝中的未焊透在射线探伤底片上通常是一条宽度比较均匀的黑直线。（　　）

19．国家标准GB/T 3323.1—2019中规定：Ⅰ级焊缝内不准有裂纹、未熔合、未焊透和条形缺欠。（　　）

20．射线探伤底片上表面气孔的特征是圆形黑点，其黑度是中心较小并均匀向边缘加大。（　　）

21．夹钨在射线探伤底片上的特征是黑度较大的不规则影像。（　　）

22．着色探伤属于无损检验，而氨气试验、气压试验属于破坏性检验。（　　）

三、选择题（将正确答案的代号填入括号内）

1．力学性能试验主要包括（　　）、（　　）和（　　）等。

A．拉伸试验　　B．金相试验　　C．密封性试验

D．弯曲试验　　E．冲击试验　　F．焊接性试验

2．目前，X射线探伤比超声波探伤应用广泛的原因是（　　）。

A．设备比较简单　　　　　　　　　　　　B．对缺欠的显示直观性强
C．能探伤厚件　　　　　　　　　　　　　D．对人体无影响

3．水压试验可以用来检验焊缝的（　　）和（　　）。
A．内部气孔　　B．未焊透　　C．强度　　D．致密性

4．对壁厚为 50 mm 的压力容器焊缝，常用的探伤方法是（　　）。
A．X 射线探伤　　B．磁粉探伤　　C．着色探伤

5．为了测定焊接接头的塑性，通常采用（　　）试验。
A．冲击　　B．弯曲　　C．硬度

6．容器致密性试验常用的方法是（　　）。
A．X 射线探伤　　B．煤油试验
C．水压试验　　D．力学性能试验

7．焊接接头的金相检验是检验焊接接头的（　　）。
A．硬度　　B．致密性　　C．组织及内部缺欠

8．非受压容器的密封性检验常采用（　　）。
A．煤油试验　　B．气密性试验　　C．水压试验

9．（　　）的目的是预先防止及减少焊接时产生缺欠的可能性。
A．焊前检验　　B．成品检验　　C．焊接过程中的检验

10．锅炉压力容器焊后要对焊缝的致密性和强度进行检查，常采用（　　）。
A．无损探伤　　B．气密性试验　　C．水压试验

11．检查不锈钢及铝、铜材料的表面缺欠时，常采用（　　）方法。
A．磁粉探伤　　B．荧光探伤　　C．超声波检验

12．渗透探伤包括（　　）和（　　）两种方法。
A．磁粉探伤　　B．荧光探伤　　C．着色探伤　　D．X 射线探伤

13．无损探伤是用来检查焊缝（　　）的一种检验方法。
A．力学性能　　B．金相组织　　C．焊接缺欠

14．下列焊接检验方法中属于破坏性检验方法的有（　　）、（　　）、（　　）。
A．金相检验　　B．水压试验　　C．外观检验
D．冲击试验　　E．晶间腐蚀试验

15．拉伸试验不仅可以测定（　　），而且还可测定（　　）。
A．强度　　B．塑性　　C．硬度
D．韧性　　E．密度

16．检查焊接接头表面缺欠应采用的检验方法是（　　）。
A．X 射线探伤　　B．超声波探伤　　C．磁粉探伤

17．能够正确发现缺欠大小和形状的探伤方法是（　　）。
A．X 射线探伤　　B．超声波探伤　　C．着色探伤

18．压扁试验的目的是测定管子焊接对接接头的（　　）。
A．强度　　B．硬度　　C．塑性　　D．韧性

19．焊接容器的煤油试验属于（　　）。
A．液压试验　　B．密封性检验　　C．气压试验

20. 目前，冲击试验标准试样的缺口形状常为（　　）形。

A. V　　B. U　　C. Y

21. 背弯试验易于发现（　　）缺欠。

A. 焊缝表面　　B. 焊缝中间　　C. 焊缝根部

22. 煤油试验的持续时间一般为（　　）mim。

A. 15 ~ 20　　B. 5 ~ 10　　C. 40 ~ 60

23. 无损探伤中的符号 RT 表示（　　）。

A. X 射线探伤　　B. 超声波探伤　　C. 磁粉探伤　　D. 渗透探伤

24. 无损探伤中的符号 UT 表示（　　）。

A. X 射线探伤　　B. 超声波探伤　　C. 磁粉探伤　　D. 渗透探伤

25. 无损探伤中的符号 MT 表示（　　）。

A. X 射线探伤　　B. 超声波探伤　　C. 磁粉探伤　　D. 渗透探伤

26. 无损探伤中的符号 PT 表示（　　）。

A. X 射线探伤　　B. 超声波探伤　　C. 磁粉探伤　　D. 渗透探伤

四、名词解释

1. 破坏性检验

2. 无损检验

3. 无损探伤

4. 密封性检验

5. 外观检验

6. 耐压检验

五、简答题

1．简述焊接质量检验的过程。

2．超声波探伤的原理是什么？有什么特点？

3．简述射线探伤的原理。

4．如何识别射线探伤底片上所显示的焊接缺欠？

5．磁粉探伤、渗透探伤在原理和用途方面有什么不同？

6. 力学性能试验中的主要试验方法有哪几种？其目的是什么？

7．水压试验的目的是什么？如何进行水压试验？

8．如何进行气压试验？试验时应注意哪些问题？

9．现有一储气罐的材料为 Q245R（20g），设计压力为 640 MPa，试正确选择其焊接方法、焊接材料和焊后检验方法。

§13-3 焊接缺陷返修

一、填空题（将正确答案填在横线上）

1．返修是指为修补工件的____________而进行的焊接，又称____________。

2．通常指的返修主要是指对____________超标的内部焊接缺陷的焊补。

3．同一部位的焊缝返修次数一般不超过__________次。

4．进行返修焊时，对于需预热的材料，其预热温度要比原焊缝提高____________℃左右，并且其道间温度不应低于__________温度。

5．焊缝返修应控制______________输入，并采用合理的焊接______________等工艺措施来保证质量。

二、判断题（正确的打"√"，错误的打"×"）

1．碳弧气刨是返修焊中清除缺陷、制备坡口最常用的方法。（　　）

2．焊缝返修工作应在焊后热处理后进行，这样有利于降低焊接应力。（　　）

3．耐压检验后再进行压力容器返修时，一般返修后应重新进行耐压检验。（　　）

4．同一部位的焊缝返修次数一般不超过 2 次。（　　）

5．已经进行热处理的焊件返修后不再要求进行热处理。（　　）

6．焊缝返修时，一般缺陷靠近哪侧就在哪侧清除，如缺陷较深，清除到板厚的二分之一时还未清除，则应先在清除处补焊，然后再在另一面清除至补焊金属后再补焊。（　　）

7．对于碳弧气刨清根产生的铜斑、渗碳层、淬硬层等缺陷，清根后不必打磨掉，直接补焊即可。（　　）

8．采用窄焊道、短段、多层多道、分段跳焊等焊接方法，减小焊接应力与变形，是返修焊工艺措施之一。（　　）

三、简答题

1．焊缝返修前应做哪些准备工作？

2．焊缝返修中如何清除缺陷及制备坡口？

3．焊缝返修中如何选择焊接方法与焊接材料？

4．焊缝返修的工艺措施有哪些？

5．返修后的焊缝应如何检验？